Transputerpraktikum

Von Dipl.-Inform. Thomas Umland
Prof. Dr.-Ing. Roland Vollma

unter Mitarbeit von

cand. phys. Jörg Kliewer,
cand. inform. Michael Schubert,
cand. inform. Martin Wilmes

Universität Karlsruhe

B. G. Teubner Stuttgart 1992

Dipl.-Inform. Thomas Umland

Geboren 1962 in Bremerhaven. Von 1983 bis 1988 Studium der Informatik mit Nebenfach Mathematik an der Technischen Universität Braunschweig. Seit 1988 wiss. Mitarbeiter am Lehrstuhl Informatik für Ingenieure und Naturwissenschaftler der Universität Karlsruhe (TH).

Prof. Dr.-Ing. Roland Vollmar

Geboren 1939 in Braubach/Rh. Studium der Mathematik an den Universitäten Heidelberg und Saarbrücken. 1964 Diplom. Von 1965 bis 1969 und von 1972 bis 1974 Mitarbeiter an Informatik-Instituten der TU Hannover und der Universität Erlangen-Nürnberg; dort 1968 Promotion zum Dr.-Ing. Von 1970 bis 1971 Buderus'sche Eisenwerke Wetzlar. Von 1974 bis 1989 Lehrstuhl für Theoretische Informatik der TU Braunschweig. Seit 1989 Inhaber des Lehrstuhls Informatik für Ingenieure und Naturwissenschaftler der Universität Karlsruhe (TH).

Die Deutsche Bibliothek – CIP-Einheitsaufnahme

Umland, Thomas:
Transputerpraktikum / von Thomas Umland ; Roland Vollmar.
Unter Mitarb. von Jörg Kliewer ... – Stuttgart : Teubner, 1992
ISBN 3-519-02289-3
NE: Vollmar, Roland:

Printed in Germany
Druck und Bindung: Zechnersche Buchdruckerei GmbH, Speyer

Vorwort

In den letzten Jahren hat sich die Überzeugung durchgesetzt, daß nur mit (massiv-) parallelen Rechnersystemen weitere signifikante Geschwindigkeitssteigerungen gegenüber herkömmlichen Rechnern möglich sind. Derartige parallele Systeme – meist noch von bescheidener Größe – haben bereits Eingang in die Praxis gefunden. Beigetragen haben hierzu wesentlich die von der Firma Inmos angebotenen Transputer. Aus ihnen lassen sich leicht Systeme mit verschiedenen Verbindungsstrukturen aufbauen, an denen die Eigenarten des parallelen Programmierens schön demonstriert werden können. Dieses Buch wendet sich an alle, die erste Erfahrungen auf dem Gebiet der Programmierung von Parallelrechnern, insbesondere Transputersystemen, sammeln möchten. Es ist als Begleittext zu einem „Transputerpraktikum" konzipiert, in dem parallele Lösungen – formuliert in der Programmiersprache Occam – zu unterschiedlichen Problemen erarbeitet und nach Möglichkeit auch an einem Transputersystem praktisch erprobt werden sollen.

Das erste Kapitel dieses Buches führt in die im Praktikum verwendete Nomenklatur ein, beschreibt den Aufbau von Transputern und gibt eine kurze Einstimmung auf die Programmiersprache Occam. Im zweiten Kapitel werden zwei Entwicklungsumgebungen vorgestellt, unter denen im Praktikum programmiert werden kann. Da diese Umgebungen je nach Installation Unterschiede aufweisen können, sollte parallel zu diesem Kapitel am Bildschirm ein begleitendes Tutorial bearbeitet werden, das in die Bedienung des vorhandenen Systems einführt. Anschließend folgen die eigentlichen Praktikumsversuche. In den Versuchen der Kapitel 3 und 4 sollen parallele Algorithmen mit dem Ziel der Beschleunigung einer Problemlösung am Beispiel zweier Sortierverfahren bzw. der Multiplikation von Matrizen implementiert werden. Im 5. Kapitel geht es allgemeiner um die Synchronisation und Kommunikation in verteilten Systemen, während das 6. Kapitel die Probleme, die bei der Parallelverarbeitung mit Hilfe sogenannter „Prozessorfarmen" auftreten können, näher untersucht.

Die einzelnen Kapitel sind mit zahlreichen Aufgaben versehen, die schrittweise auf das Lernziel des jeweiligen Versuches hinführen. Die durch ein * gekennzeichneten Aufgaben behandeln zusätzliche Aspekte, die der Vertiefung des Stoffes dienen und in der Regel ein genaueres Durchdenken der Thematik erfordern. Falls die für das Praktikum zur Verfügung stehende Zeit nicht zur vollständigen Bearbeitung aller Versuche ausreichen sollte, ist es auch möglich, einige Aufgaben zu streichen oder unter den angebotenen Kapiteln eine gezielte Auswahl zu treffen – die beiden ersten Versuche sollten jedoch als „Pflicht" angesehen werden, da in ihnen einige grundsätzliche Aspekte der Parallelverarbeitung demonstriert werden.

Seit zweieinhalb Jahren wird dieses Praktikum jedes Semester an der Fakultät für

Informatik der Universität Karlsruhe für Studierende der naturwissenschaftlich-technischen Fachrichtungen angeboten. Vorkenntnisse aus dem Bereich der Parallelverarbeitung sind zur Teilnahme am Praktikum nicht erforderlich; jedoch sollte eine gewisse Erfahrung bei der Programmierung „herkömmlicher" Rechner vorhanden sein. Auch die Vertrautheit mit Grundbegriffen aus der Graphentheorie kann insbesondere bei der Bearbeitung der Kapitel 5 und 6 von Vorteil sein.

Um die Einarbeitungszeit in die Bedienung des Transputersystems zu verkürzen, wurde unter der Oberfläche X-Windows eine eigene Praktikumsumgebung eingerichtet. Diese umfaßt neben einem Tutorial und On-line-Informationen zur Bedienung des Systems auch einige Hilfswerkzeuge, z. B. zum Berechnen, Darstellen und Ausdrucken von Beschleunigungskurven. Diese Umgebung sollte auf andere Workstations, die mit derselben Fensteroberfläche arbeiten, ohne große Probleme übertragen werden können und kann Interessenten, die ein ähnliches Praktikum aufbauen möchten, zur Verfügung gestellt werden. In der Praktikumsumgebung sind außerdem die im Anhang beschriebenen erweiterten Ein- bzw. Ausgabebibliotheken sowie die Bibliotheken mit den Hilfsprozeduren enthalten.

Die Autoren danken an dieser Stelle allen – insbesondere den Teilnehmern der bisherigen Praktika – für Kritik und Anregungen, die zur Verbesserung des vorliegenden Buches beigetragen haben.

Karlsruhe, im Juli 1992

T. Umland
R. Vollmar

Inhaltsverzeichnis

1 Parallelverarbeitung und Transputer

Im Mittelpunkt dieses Praktikums steht die Programmierung von Transputern. Der Transputer ist dabei insbesondere als ein Baustein von Interesse, mit dem auf einfache Weise schwach gekoppelte Parallelrechner aufgebaut werden können. Was „schwach gekoppelt“ bedeutet, soll unter anderem in diesem einführenden Kapitel geklärt werden. Des weiteren wird versucht, plausibel zu machen, was unter Parallelverarbeitung zu verstehen ist, und warum man überhaupt Parallelverarbeitung betreibt. Es folgt eine Einteilung von Parallelrechnerkonzepten nach gewissen Merkmalen, so daß ersichtlich wird, wo Transputersysteme unter den Parallelrechnern eingeordnet werden können. Schließlich werden kurz der Aufbau und die wichtigsten Eigenschaften des Transputers beschrieben. Auf die Programmierung von Transputern wird eingegangen, indem anhand von Beispielen Möglichkeiten der Programmiersprache Occam – insbesondere zur Formulierung paralleler Programme – skizziert werden.

1.1 Parallelverarbeitung: Nomenklatur und Motivation

Zunächst sollen einige im Verlauf des Praktikums grundlegende Begriffe näher spezifiziert werden. Die Ausführung zweier Anweisungen eines Programmes heißt *sequentiell*, wenn deren Abarbeitung nacheinander in deterministischer Reihenfolge geschieht. Zwei Anweisungen heißen *nebenläufig* (engl. *concurrent*), wenn sie entweder gleichzeitig von zwei Prozessoren oder in beliebiger Folge sequentiell auf einem Prozessor ausgeführt werden können. Dagegen wird die Ausführung zweier Anweisungen *parallel* genannt, wenn es einen Zeitpunkt gibt, zu dem beide Anweisungen gleichzeitig auf verschiedenen Prozessoren bearbeitet werden. Diese Begriffe lassen sich auf mehr als zwei Anweisungen übertragen, wenn sie entsprechend für alle Paare von Anweisungen gelten. Parallelität ist demnach eine spezielle Form der Nebenläufigkeit.[1] Einer gängigen Praxis folgend, werden in diesem Buch die Begriffe „parallel“ und „nebenläufig“ weitgehend synonym benutzt, obwohl man sich

[1] Zur Begriffsbestimmung vgl. auch [HH89]

jederzeit deren eigentlicher Bedeutung bewußt sein sollte.

Unter *Parallelverarbeitung* oder *Parallelismus* wird im Rahmen dieses Praktikums demnach „das gleichzeitige Arbeiten mehrerer Prozessoren an derselben Aufgabe“ verstanden. Der Begriff *Prozessor* steht dabei für ein „physikalisches Gebilde“, welches in der Lage ist, Prozesse auszuführen, während mit *Prozeß* schließlich eine „Folge von Aktionen“ gemeint ist. Ein Prozeß kann z. B. im Occam-Sinne eine einzelne Anweisung, eine Folge von Anweisungen, ein Unterprogramm oder auch ein ganzes Programm beinhalten. Was im Verlauf des Praktikums jeweils genau unter diesen Begriffen zu verstehen ist, ergibt sich im konkreten Fall aus dem Zusammenhang. Die Begriffe sind an dieser Stelle absichtlich nicht strenger definiert worden, damit zum einen die Phantasie der Praktikumsteilnehmer etwas Spielraum behält und zum anderen der eigentliche Sinn des Praktikums nicht durch übertrieben strenge Formalismen verschleiert wird.

Nachdem geklärt wurde, was unter Parallelverarbeitung zu verstehen ist, stellt sich nun die Frage: Was bezweckt man mit der Parallelverarbeitung? Die Antwort ist offensichtlich: Durch die gemeinsame Lösung eines Problems durch mehrere Prozessoren verspricht man sich in erster Linie einen Zeitgewinn bei der Ausführung. Dieser Gewinn ist im Prinzip unabhängig von der verwendeten Technologie und sollte mit einer Erhöhung der Anzahl der Prozessoren wachsen. Verdoppelt man beispielsweise die Anzahl der Prozessoren, so erhofft man sich gleichzeitig auch eine Halbierung der Ausführungszeit. In den Abschnitten 3.1.1 und 3.1.2 werden Begriffe eingeführt, mit deren Hilfe der erzielte Zeitgewinn eines Algorithmus beurteilt werden kann.

Weitere Gründe für den Einsatz von Parallelismus sind zum einen die Hoffnung, Problemstellungen „einfacher“ formulieren oder Lösungen „natürlicher“ beschreiben zu können und zum anderen die Erwartung, durch mehrfach vorhandene Prozessoren und Programme Fehler in Hard- und Software besser erkennen, und so in begrenztem Umfang Fehlertoleranz bieten zu können. Die beiden zuletzt genannten Aspekte werden in diesem Praktikum aber nicht weiter vertieft.

Wo wird nun Parallelverarbeitung eingesetzt? Sie begegnet uns z. B. im kleinen innerhalb eines Prozessors bei der Überlappung von Befehlshol- und -ausführungsphase oder im großen in den verschiedensten Arten von Parallelrechnern, auf die im folgenden näher eingegangen wird.

1.2 Einteilung von Parallelrechnern

Zur Unterscheidung von Rechnerarchitekturen wird häufig die von Flynn in [Fly66] vorgeschlagene Taxonomie verwendet. Sie nimmt zwar nur eine sehr grobe Einteilung unterschiedlicher Rechnertypen vor, reicht aber in den meisten Fällen zum Verstehen der prinzipiellen Unterschiede aus. Mit Hilfe dieser Taxonomie lassen sich auch Parallel- und Multiprozessorrechner anhand markanter Eigenschaften unterscheiden.

1.2.1 Flynns Taxonomie

Flynn geht in seiner Einteilung von einem „Strom"-Konzept aus, wobei er einfachen (single) und mehrfachen (multiple) Daten- und Befehlsstrom unterscheidet. Danach ergeben sich die in Tabelle 1.1 aufgeführten vier Fälle von Rechnerarchitekturen:

	Single Instruction	Multiple Instruction
Single Data	SISD	MISD
Multiple Data	SIMD	MIMD

Tabelle 1.1: Flynns Taxonomie

SISD (Single Instruction Stream, Single Data Stream) Ein SISD-Rechner führt zu jedem Zeitpunkt *eine* Instruktion auf *einem* Datum aus. In diese Gruppe fallen die herkömmlichen sequentiellen Rechner nach der von-Neumann-Architektur. Bei den heute üblichen Rechnern kann man jedoch aufgrund der Verwendung spezieller Ein- oder Ausgabeprozessoren streng genommen nicht mehr von reinen SISD-Rechnern sprechen.

MISD (Multiple Instruction Stream, Single Data Stream) *Mehrere* Befehle werden gleichzeitig auf *einem* Datum ausgeführt. Im allgemeinen werden in der Literatur keine Rechner für diese Gruppe angegeben. Jedoch lassen sich z. B. fehlertolerante Systeme, in denen zu Kontrollzwecken jede Operation mehrfach auf unabhängigen Prozessoren ausgeführt wird, an dieser Stelle einordnen.

SIMD (Single Instruction Stream, Multiple Data Stream) In einem SIMD-Rechner arbeiten *mehrere* Prozessoren gleichzeitig auf verschiedenen Datensätzen *denselben* Befehl ab. Parallelrechner dieses Typs werden auch als *synchrone* Multiprozessoren bezeichnet. Rechner wie Distributed-Array-Processor (DAP), Connection-Machine (CM-2) oder MasPar (MP) können dieser Gruppe zugeordnet werden. Diese Maschinen bestehen in der Regel aus relativ einfachen sogenannten *Processing Elements (PEs)*. Um die Einfachheit der einzelnen PEs auszugleichen, wird dann eine sehr große Anzahl von ihnen eingesetzt. Beispielsweise gibt es den DAP mit 4.096, die CM-2 mit 65.536 oder die MP mit 16.384 PEs.

MIMD (Multiple Instruction Stream, Multiple Data Stream) Ein Rechner aus dieser Gruppe besteht aus *mehreren*, voneinander unabhängig arbeitenden, in der Regel identischen Prozessoren, die jeweils ihr eigenes Programm auf ihren *eigenen* Daten ausführen. Diese Maschinen bezeichnet man daher auch als *asynchrone* Parallelrechner. Vertreter dieses Typs sind z. B. Cray Y-MP/832 mit acht sehr mächtigen Vektorprozessoren, Sequent mit bis zu 30 oder Alliant mit höchstens 28 Standardmikroprozessoren, die Connection-Machine CM-5, die mit mehreren tausend Prozessoren angekündigt ist, und auch Rechner auf der Basis von Transputern.

In [TW91] ist ein umfangreicher Überblick über heute verfügbare Parallelrechner zu finden. Daraus sind auch die technischen Angaben dieses Abschnittes entnommen.

1.2.2 Realisierungen von MIMD-Rechnern

MIMD-Rechner mit nur wenigen Prozessoren lassen sich recht einfach dadurch realisieren, daß die Prozessoren über einen gemeinsamen (globalen) Speicher gekoppelt werden (*starke Kopplung*). Jeder Prozessor kann dann auf jede Speicherzelle des Gesamtsystems zugreifen. Unter Verwendung bekannter Synchronisationsmechanismen von Multi-Tasking-Rechnern (z. B. Semaphore, Monitore usw.) lassen sich solche Systeme auch relativ einfach programmieren.

Ein Nachteil dieses Vorgehens ist jedoch, daß sich solche Rechner nicht beliebig um Prozessoren erweitern lassen; wenn immer mehr Prozessoren auf denselben Speicher zugreifen, wird dieser schließlich zum Engpaß werden. Ein Lösungsversuch besteht darin, jedem Prozessor zusätzlich einen eigenen Speicher zuzuordnen, in dem häufig benutzte lokale Daten nur für diesen Prozessor zugreifbar abgelegt werden. Verfolgt man diese Idee weiter, so läßt man im Extremfall den globalen Speicher ganz entfallen und weist jedem Prozessor nur noch einen lokalen Speicher zu – man spricht in diesem Fall auch von verteiltem Speicher. Da die einzelnen Prozessoren bei dieser sogenannten *schwachen Kopplung* nun nicht mehr über den Speicher miteinander verbunden sind, stellt sich sofort die Frage, wie in einem derartigen System die notwendige Kooperation der Prozessoren untereinander gewährleistet wird.

Ein Zusammenführen der Prozessoren über einen globalen Bus würde bei Erweiterungen des Systems unweigerlich wieder zu einem neuen Engpaß führen. Eine andere Lösungsidee besteht darin, jeden Prozessor nur mit einer begrenzten Anzahl anderer Prozessoren zu verbinden. Über dieses *Verbindungsnetzwerk* kommunizieren die Prozessoren dann durch den Austausch von *Nachrichten* oder *Botschaften*.

Im folgenden wird stets von einem festen Verbindungsnetzwerk ausgegangen, in dem alle Verbindungen als statische – d. h. im Betrieb nicht veränderbare – Punkt-zu-Punkt-Verbindungen zwischen genau zwei Prozessoren ausgeführt sind. Weiterhin soll jeder Prozessor nur mit einer begrenzten Anzahl anderer Prozessoren verbunden sein. Diese Anzahl soll sich auch bei Skalierungen des Systems – d.h. bei Hinzufügen und Entfernen von Prozessoren – nicht über eine Maximalanzahl hinaus erhöhen können. Damit läßt sich die Verbindungstopologie eines schwach gekoppelten Multiprozessorsystems durch einen Graphen repräsentieren, in dem jeder Knoten einen Maximalgrad (z. B. vier) besitzt. In der Praxis ist eine Vielzahl von Verbindungstopologien mit unterschiedlichsten Eigenschaften gebräuchlich:

- Regelmäßigkeit der Struktur,
- einfache Skalierbarkeit,
- Redundanz von Verbindungswegen bei Ausfall von Verbindungen oder Prozessoren,
- möglichst kurze Entfernungen zwischen beliebigen Knoten des Netzes oder
- auf eine spezielle Anwendung zugeschnittene Verschaltung der Prozessoren.

Beispiele für Topologien solcher schwach gekoppelten Multiprozessoren sind in Abbildung 1.1 dargestellt. Zur ausführlichen Beschreibung weiterer Netzwerktopologien sei z. B. auf [GM89, RLH88, Uml89] verwiesen.

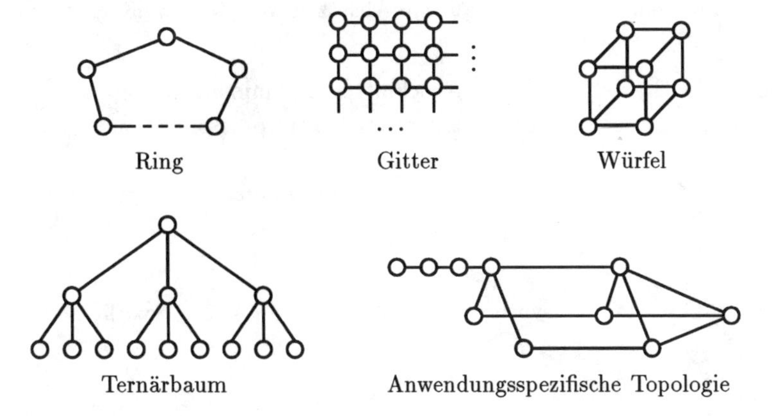

Abbildung 1.1: Beispiele schwach gekoppelter Prozessornetze

Nun bleibt nur noch zu klären, wie der Nachrichtenaustausch zwischen benachbarten Prozessoren des Netzwerkes realisiert wird. Grundsätzlich lassen sich zwei Extremfälle unterscheiden, wie der Sender einer Nachricht mit dem zugehörigen Empfänger kommuniziert.

Allgemeiner oder **asynchroner Nachrichtenaustausch:** Ein Sender kann jederzeit seine Botschaft abschicken und dann mit der Abarbeitung seines Programmes fortfahren. Wenn der Empfänger zur Zeit nicht empfangswillig ist, wird die Nachricht in einem potentiell unendlich großen Puffer abgelegt. Erwartet ein Prozeß eine Nachricht, und es liegt keine für ihn vor (d. h. der Puffer ist leer), wird er entweder verzögert bis eine Botschaft eintrifft oder ihm wird mitgeteilt, daß für ihn zur Zeit keine Nachrichten anstehen, so daß der Prozeß diese Information in seiner weiteren Abarbeitung berücksichtigen kann.

Rendezvous-Prinzip oder **synchroner Nachrichtenaustausch:** In diesem Fall kann ein Sender seine Nachricht nur dann absetzen, wenn gleichzeitig der Empfänger bereit ist, diese auch abzunehmen. Der Sender wird ansonsten solange verzögert, bis der Empfänger empfangswillig ist. Man spricht hier auch von *blockierendem Senden.* Wird der Empfänger nie empfangsbereit, kann auch der Sender nicht in seiner Abarbeitung fortfahren und bleibt blockiert. Durch das Rendezvous-Prinzip läßt sich auf einfache Weise eine Synchronisation von Prozessen erreichen.

In der Praxis existieren auch Mischformen der beiden geschilderten Extremfälle. So realisiert man z. B. den Nachrichtenaustausch auch mit einem endlichen Puffer. Solange dieser Platz für Botschaften bietet, kann ein Sender seine Nachricht ohne Verzögerung versenden. Erst wenn der Puffer gefüllt ist, wird der Sender blockiert oder bekommt eine Meldung, daß ein Absetzen von Nachrichten zur Zeit nicht möglich ist.

Faßt man die Ergebnisse dieses Abschnittes zusammen, gelangt man zu der in Abbildung 1.2 dargestellten Einteilung von Multiprozessorsystemen.

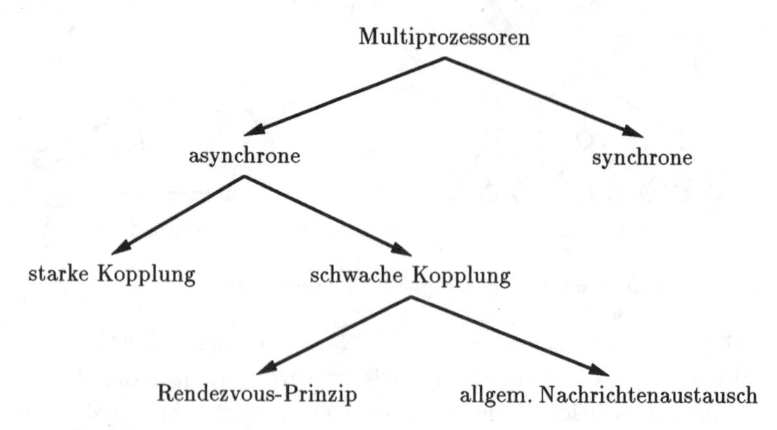

Abbildung 1.2: Einteilung von Multiprozessorsystemen

Im weiteren Verlauf des Praktikums werden nur noch asynchrone, schwach gekoppelte Multiprozessorsysteme zugrunde gelegt, die den Nachrichtenaustausch nach dem Rendezvous-Prinzip über statische Punkt-zu-Punkt-Verbindungen abwickeln. Dieses sind genau die Eigenschaften, die auch Multitransputersysteme besitzen.

1.3 Aufbau des Transputers T800

Im Praktikum erfolgt die Programmierung der parallelen Algorithmen auf sogenannten „Transputern". Bei Transputern handelt es sich im wesentlichen um 32-Bit-Mikroprozessoren mit besonderen Erweiterungen zur Unterstützung von Parallelverarbeitung. Der Aufbau und die wichtigsten Eigenschaften dieser Prozessoren werden am Beispiel des Transputers vom Typ Inmos T800 beschrieben.

Zur Abwicklung einer bidirektionalen Kommunikation mit anderen Transputern besitzt der T800 vier sogenannte „Communication-Links" (kurz „Links" genannt). Hierbei handelt es sich um autonome Einheiten, die parallel zum Prozessor eine serielle Datenübertragung mit je 20 MBit/s abwickeln können. Die Kommunikation erfolgt nach dem Rendezvous-Prinzip. Für jedes gesendete Byte wird eine Bestätigung erwartet, ohne deren Erhalt der Sender die Bearbeitung seines Programmes nicht fortsetzt. Diese Bestätigung besagt jedoch nur, daß der Empfänger „irgendein" Byte empfangen hat; sie läßt keine Rückschlüsse darüber zu, ob die Übertragung auch fehlerfrei durchgeführt wurde.[2]

Die wichtigsten der alle auf einem Chip untergebrachten Funktionseinheiten des Transputers T800 sind im folgenden zusammengefaßt und in Abbildung 1.3 als Schaubild dargestellt:

- Ein 32-Bit-Prozessor (CPU),
- eine 64-Bit-Gleitkommaeinheit (FPU),
- 4 KByte schneller Speicher,
- vier Link-Interfaces zur Kommunikation mit anderen Transputern,
- ein 32 Bit breiter interner Datenbus,
- zwei interne Uhren (Timers),
- eine Einheit zur Abwicklung externer Ereignisse (Events),

[2] Es gibt jedoch Befehle, mit denen die Datenübertragung durch Anhängen sogenannter „CRC-Worte" auf Korrektheit überprüft werden kann.

- Systemeinheiten (System- u. Link-Services) zum Einstellen von Takt- und Übertragungsgeschwindigkeiten, Regelung der Fehlerbehandlung, des Zurücksetzens und Ladens sowie
- eine Schnittstelle zum Anschluß weiteren Speichers.

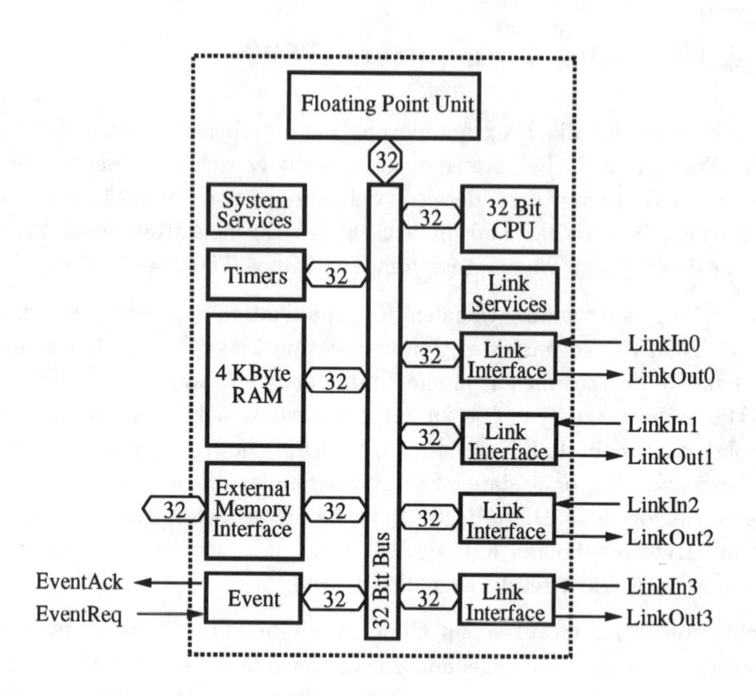

Abbildung 1.3: Blockschaltbild des Transputers T800

Andere Transputertypen unterscheiden sich vom T800 z. B. durch das Fehlen der Gleitkommaeinheit (T425, T414) und eine reduzierte Wortbreite von 16 Bit (T222, T212). Die älteren Typen T414 und T212 besitzen zudem nur einen 2 KByte großen Speicher auf dem Chip und erreichen bei der Kommunikation über die Links nur eine geringere Datenrate als die neueren Typen. Die Prozessoren T805 und T801 sind Verbesserungen des T800, die sich von ihm im wesentlichen bei der Behandlung externer Events und der T801 zusätzlich durch die Trennung des Daten- und Adreßbusses für den externen Speicher unterscheiden.

Der Transputer verfügt neben den oben beschriebenen Komponenten über effiziente Hardwaremaßnahmen zur internen Prozeßumschaltung; durch seinen Befehlssatz wird die Verwaltung paralleler (streng genommen nebenläufiger) Prozesse unterstützt, wodurch auch die Simulation ganzer Transputernetzwerke auf nur einem einzelnen Prozessor möglich ist. Jeder Prozeß kann in einer von zwei Prioritätsstufen abgearbeitet werden. In der nieder priorisierten Stufe teilt er den Prozessor mit anderen Prozessen in einem Zeitscheibenverfahren, während er in der hoch priorisierten Stufe vom Zeitscheibenverfahren ausgenommen ist und den Prozessor erst dann abgibt, wenn er terminiert oder auf eine Kommunikation warten muß.

Innerhalb eines Transputers kann jedoch nicht nur reine Nebenläufigkeit stattfinden, sondern es gibt auch Möglichkeiten, bestimmte Prozesse echt parallel ablaufen zu lassen. Da es sich bei den Link-Interfaces um autonome Einheiten handelt, können diese unabhängig voneinander und von der CPU Daten übertragen. Diese Eigenschaft kann bei der Programmierung genutzt werden, um z. B. gleichzeitig Daten zu empfangen und zu verschicken oder um Berechnungs- und Kommunikationsphasen eines Algorithmus so weit wie möglich überlappen zu lassen. Im T800 arbeitet außerdem die FPU unabhängig von der CPU, so daß z. B. bei Matrix- oder Vektoroperationen eine Gleitkommaberechnung innerhalb der FPU parallel zu einer in der CPU stattfindenden Adreßberechnung des nächsten Operanden durchgeführt werden kann. In der Regel hat der Programmierer jedoch an dieser Stelle keinen Einfluß auf die Steuerung der internen Parallelität, sondern muß sich darauf verlassen, daß der Sprachübersetzer geeignete Instruktionen zur Kooperation von CPU und FPU erzeugt. Für eine ausführliche Beschreibung des T800 und auch anderer Transputertypen sei auf das Handbuch [INM89b] der Firma Inmos verwiesen.

Den Transputer kann man nun als einen Baustein betrachten, mit dem sich auf einfache Weise die vorher beschriebenen Multiprozessorsysteme mit verteiltem Speicher aufbauen lassen. Durch einfaches Verbinden der Link-Interfaces der einzelnen Prozessoren können beliebige Prozessortopologien aufgebaut werden. Das Verbinden der Prozessoren kann entweder durch fest installierte Leitungen oder, wenn man nacheinander unterschiedliche Topologien aufbauen möchte, über einen sogenannten „Kreuzschienenverteiler" erfolgen, auf dem die Links aller Transputer miteinander verschaltet werden können. Einen programmierbaren Kreuzschienenverteiler zur beliebigen Verbindung von 32 Ein- und Ausgängen stellt z. B. der sogenannte „Link-Switch" C004 von Inmos dar, der ebenfalls im Handbuch [INM89b] beschrieben ist.

1.4 Einstimmung auf Occam

Das Programmieren von Transputern erfolgt in diesem Praktikum in der Sprache Occam[3], die zusammen mit den Transputern von der Firma Inmos entwickelt wurde. In Occam lassen sich die nebenläufige bzw. parallele Ausführung von Prozes-

[3] „Occam" ist kein Akronym, sondern leitet sich vom Namen des im 14. Jh. lebenden englischen Philosophen Wilhelm von Ockham (William of Occam) ab.

sen und deren Kommunikation untereinander sehr einfach und elegant formulieren. Außerdem sind viele Funktionen des Occam-Laufzeitsystems wie z. B. Prozeßverwaltung und -umschaltung, Scheduling, Warteschlangenverwaltung oder Kommunikationsabwicklung direkt in Hardware des Transputers umgesetzt worden. Occam lehnt sich eng an das Konzept von Hoares CSP [Hoa78] an, in dem nebenläufige Programme aus sequentiellen, miteinander kommunizierenden Prozessen zusammengesetzt werden.

In diesem Buch wird *keine* vollständige Einführung in die Sprache Occam gegeben, sondern es werden anhand von Beispielen einige Konstrukte von Occam vorgestellt sowie der Umgang mit kommunizierenden Prozessen verdeutlicht. Dieser Abschnitt soll dazu motivieren, sich ausführlicher mit der Sprache zu befassen. Occam läßt sich wie die meisten Programmiersprachen am schnellsten dadurch erlernen, daß man sich anhand eines Lehrbuches einen Überblick über die Sprache verschafft und die „Feinheiten“ dann durch „Ausprobieren und Nachschlagen“ in der Praxis erwirbt. Die Bücher [Bur88, Gal90, JG88, PM88] sind beispielsweise gut geeignet, sich die für das Praktikum notwendigen Grundkenntnisse anzueignen.

1.4.1 Ein Beispiel kommunizierender Prozesse

In Occam bilden die Zuweisung sowie das Empfangen und Versenden von Nachrichten elementare Prozesse, aus denen mit Hilfe von Konstruktoren komplexere Prozesse aufgebaut werden können. Zu den Konstruktoren zählen die `SEQ`- und `PAR`-Anweisungen, durch die eine sequentielle bzw. nebenläufige[4] Abarbeitung von Prozessen erreicht werden. Da Occam streng formatgebunden ist, wird der Gültigkeitsbereich eines Konstruktors nicht wie in Pascal oder C durch `begin` und `end` bzw. geschweifte Klammern definiert, sondern durch Einrücken der dem Konstruktor folgenden Zeilen um zwei Stellen festgelegt.

Bei der Programmierung ist darauf zu achten, daß parallel oder nebenläufig ablaufende Prozesse in Occam nicht schreibend auf gemeinsam benutzte globale Variablen zugreifen dürfen. Eine Synchronisation oder Kommunikation zwischen Prozessen ist *nur* durch Nachrichtenaustausch über sogenannte *Kanäle* (`CHAN`) erlaubt. Kanäle werden durch ihren Namen identifiziert und stellen eine gerichtete (unidirektionale) Verbindung zwischen genau zwei Prozessen dar. Die Kommunikation selbst wird nach dem Rendezvous-Prinzip abgewickelt.

Das bisher Gesagte soll nun an einem ersten Beispiel verdeutlicht werden. Der Ausdruck $2x + 1$ läßt sich in einer aus zwei Prozessen bestehenden sogenannten

[4] Die wirklich *parallele* Ausführung nebenläufiger Prozesse erreicht man durch deren Plazierung auf verschiedenen Prozessoren. Dieser Vorgang wird ausführlich in den Abschnitten 2.2.2 und 2.3.2 beschrieben.

Pipeline berechnen. In einer Pipeline „fließen“ die Daten durch mehrere Prozesse, die jeweils verschiedene Operationen auf den Daten ausführen und schließlich das gewünschte Ergebnis liefern. Der Datenfluß der Abarbeitung des Beispiels ist in Abbildung 1.4 schematisch dargestellt.

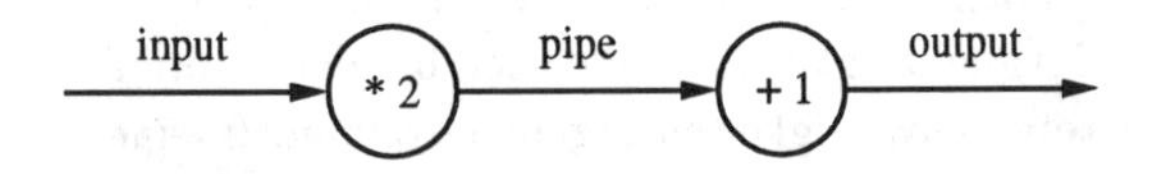

Abbildung 1.4: Berechnung von $2x + 1$ in einer Pipeline

Ein erster Prozeß empfängt den Wert von x über einen Kanal `input` und schickt den verdoppelten Wert über den Kanal `pipe` an einen zweiten Prozeß. Dieser empfängt das Zwischenresultat, inkrementiert es und sendet diesen Wert als Endergebnis über den Kanal `output`. Ein entsprechendes Occam-Programm ist in Programm 1.1 gezeigt. Dort wird zunächst der Kanal `pipe`, über den ganzzahlige Werte des Typs `INT` gesendet werden können, deklariert – der Gültigkeitsbereich von Deklarationen erstreckt sich in Occam stets auf den direkt folgenden Prozeß. Danach folgen zwei Prozesse, die nebenläufig ausgeführt werden sollen, wobei jeder dieser Prozesse wiederum aus der sequentiellen Ausführung zweier Prozesse besteht. Das Empfangen bzw. Senden eines Wertes von bzw. auf einen Kanal wird in Occam durch das Zeichen `?` resp. `!` ausgedrückt. Fehlende Programmteile, die in der Regel zum Funktionieren des Programmes unerläßlich, aber zum Verständnis der Beispiele

```
-- Eine umstaendliche, aber lehrreiche Berechnung
-- des Ausdruckes 2x + 1 in einer Pipeline.
--
...
CHAN OF INT pipe:
PAR
  INT x:
  SEQ
    input ? x
    pipe ! 2 * x
  INT y:
  SEQ
    pipe ? y
    output ! y + 1
...
```

Programm 1.1: Beispiel einer Prozeß-Pipeline

nicht unbedingt notwendig sind, werden in den Beispielen durch ... angedeutet.

1.4.2 Verklemmte Prozesse

Das obige Beispiel macht das Prinzip der kommunizierenden Prozesse recht deutlich. Das nächste Beispiel zeigt jedoch, daß sich bei der Kommunikation von Prozessen auch unerwartete Schwierigkeiten ergeben können. In einem Programm wollen zwei Prozesse p_1 und p_2 miteinander über zwei Kanäle Werte austauschen (vgl. Abb. 1.5). Ein erster Ansatz der Realisierung in Occam führt zu Programm 1.2.

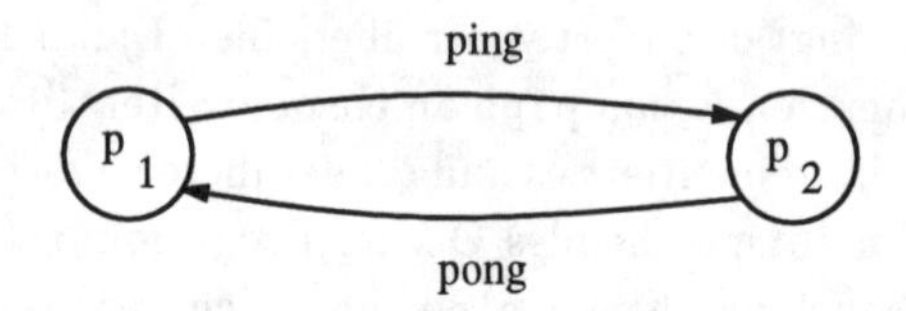

Abbildung 1.5: Datenfluß bei bidirektionaler Kommunikation zweier Prozesse

```
-- Bidirektionale Kommunikation zweier Prozesse?
--
CHAN OF INT ping, pong:
PAR
  -- Prozess p1
  INT x1:
  SEQ
    ping ! 7
    pong ? x1
    ...
  -- Prozess p2
  INT x2:
  SEQ
    pong ! 53
    ping ? x2
    ...
```

Programm 1.2: Versuch der bidirektionalen Kommunikation zweier Prozesse

Dieses auf den ersten Blick richtig erscheinende Programm enthält jedoch einen verhängnisvollen Fehler. Beide Prozesse wollen zunächst Werte verschicken und danach jeweils einen Wert einlesen. Betrachtet man die Funktionsweise des Rendezvous-Prinzips einmal genauer, so wird verständlich, daß der Prozeß p_1 seine

Sendeanweisung `ping ! 7` nur dann abschließen kann, wenn p_2 gleichzeitig bereit ist, den gesendeten Wert mit `ping ? x2` zu empfangen; p_2 seinerseits ist aber erst zum Empfang bereit, nachdem er seinen eigenen Wert verschickt hat. Daraus sieht man, daß die beiden Prozesse zyklisch aufeinander warten und somit niemals ihre Abarbeitung fortsetzen werden. Wir haben den typischen Fall einer sogenannten *Verklemmung* (engl. *Deadlock*) programmiert.

Abhilfe läßt sich in diesem Beispiel dadurch schaffen, daß man entweder in einem der Prozesse p_1 oder p_2 die Reihenfolge von Sende- und Empfangsanweisung vertauscht oder das Senden und Empfangen gleichzeitig ausführt, d. h. mindestens ein `SEQ` durch `PAR` ersetzt. Weitere Programmbeispiele zum Thema Verklemmungen sollen an dieser Stelle nicht vorgestellt werden. Im Verlauf des Praktikums wird vermutlich jeder auf unerwünschte Verklemmungssituationen stoßen.

1.4.3 Nichtdeterministische Ausführung von Prozessen

Abschließend folgt ein Beispiel, in dem ein Prozeß zur Laufzeit nichtdeterministisch einen Prozeß auswählt, mit dem er kommunizieren möchte. Es sei folgende Situation gegeben: Eine Steuerung (`Controller`) bekommt von den Prozessen `Faster` oder `Slower` Signale und soll damit die Drehzahl (`rpm`) des Motors `Engine` unter Beachtung von Minimal- bzw. Maximalwerten einstellen (Abb. 1.6).

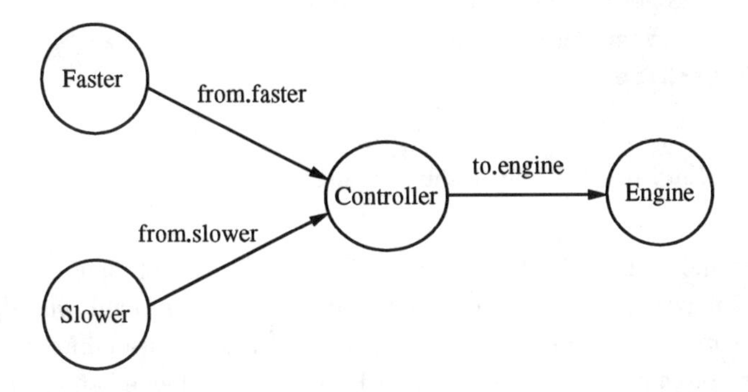

Abbildung 1.6: Drehzahlsteuerung mittels kommunizierender Prozesse

In Occam läßt sich die alternative, nichtdeterministische Auswahl eines Prozesses unter Verwendung des `ALT`-Konstruktes formulieren. Die Motorsteuerung kann damit durch die in Programm 1.3 angegebene Prozedur beschrieben werden.

In dem verwendeten `ALT`-Konstrukt ist der Empfang von Nachrichten an eine Bedingung geknüpft: Der Empfang eines `from.faster`-Signals wird nur dann erlaubt, wenn die Drehzahl noch nicht ihren Maximalwert erreicht hat. Eine Empfangsan-

```
-- Ein Prozess zur Drehzahlsteuerung mit zwei Eingaengen
-- und einem Ausgang.
--
PROC Controller (CHAN OF INT from.faster, from.slower, to.engine)
  VAL zero    IS    0:
  VAL minimum IS  100:
  VAL maximum IS 1000:
  BOOL stop:
  INT rpm, faster.signal, slower.signal:
  SEQ
    PAR
      stop, rpm := FALSE, minimum
      to.engine ! minimum
    WHILE NOT stop
      ALT
        (rpm < maximum) & from.faster ? faster.signal
          SEQ
            rpm := rpm + 1
            to.engine ! rpm
        (rpm > minimum) & from.slower ? slower.signal
          SEQ
            rpm := rpm - 1
            to.engine ! rpm
    ... abschliessende Aktionen
:
```

Programm 1.3: Ein Prozeß zur Drehzahlsteuerung

weisung innerhalb eines ALT-Konstruktes, die wie im Beispiel auch mit einer Bedingung verknüpft werden kann, bezeichnet man als *Wächter* (engl. *guard*) des nachfolgenden Prozesses. Der bewachte Prozeß kann nur dann ausgeführt werden, wenn der Wächter *durchlässig* ist, d. h. auf dem Empfangskanal eine Botschaft bereitliegt und die vorangestellte Bedingung erfüllt ist. Ist kein Wächter durchlässig, so wird die Ausführung des ALT-Konstruktes verzögert. Sind dagegen mehrere Wächter durchlässig, so wird nichtdeterministisch einer ausgewählt. Wie diese Auswahl realisiert ist, hängt von der Implementierung der Sprache ab. In der Regel kann man *nicht* davon ausgehen, daß eine faire Auswahl stattfindet, d. h. jeder durchlässige Wächter die gleiche Chance besitzt, ausgewählt zu werden.

Manchmal ist es sinnvoll, durchlässige Wächter in einer bestimmten Reihenfolge auszuwählen, also den Nichtdeterminismus der Auswahl auszuschalten; dieses läßt sich in Occam durch eine priorisierte Auswahl (`PRI ALT`) erreichen. Zur Demonstration dieses Sprachkonstruktes wird das vorige Beispiel dahingehend erweitert, daß die Steuerung zusätzlich ein Ausschaltsignal verarbeiten muß. Dieses Signal soll jedoch in jedem Fall vorrangig bedient werden, also auch dann sofort wirken, wenn gleichzeitig noch `from.faster`- oder `from.slower`-Nachrichten anliegen. Die für diese Erweiterung notwendigen Modifikationen der Steuerung sind im Programmausschnitt 1.4 notiert.

```
...
WHILE NOT stop
  PRI ALT
    switch ? off.signal
      SEQ
        PAR
          to.engine ! zero
          rpm := zero
          stop := TRUE
        ...
    ALT
      (rpm < maximum) & from.faster ? faster.signal
        ...
      (rpm > minimum) & from.slower ? slower.signal
        ...
...
```

Programm 1.4: Modifizierter Steuerprozeß

In diesem Beispiel sind ein priorisiertes und nichtpriorisiertes `ALT` ineinander verschachtelt: Immer wenn an der Steuerung ein Signal zum Ausschalten anliegt, werden wie gewünscht der Wächter `switch ? off.signal` sowie der nachfolgende Prozeß ausgeführt; ansonsten erfolgt die Auswahl einer Nachricht nichtdeterministisch wie in Programm 1.3.

1.4.4 Abschließende Bemerkungen

Natürlich sind die angegebenen Programmbeispiele nicht vollständig. So sollte man im `Controller` z. B. berücksichtigen, daß vom `Faster`- bzw. `Slower`-Prozeß gesendete, aber vor der Beendigung der `WHILE`-Schleife noch nicht empfangene Signale abschließend noch gelesen werden müssen, um ein Terminieren dieser Prozesse zu ermöglichen.

Auf weitere Konstrukte von Occam wie z. B. `IF`, `WHILE`, `PROC`, `FUNCTION`, replizierte

Anweisungen oder die Verwendung von Feldern wurde in diesem Überblick nicht eingegangen, da ähnliche Konstrukte aus anderen Programmiersprachen bekannt sein dürften.

An dieser Stelle sei noch darauf hingewiesen, daß man bei der Verwendung von Occam sehr hardwarenah programmiert. Laufen z. B. zwei Prozesse auf verschiedenen Transputern ab, so können die Prozesse nur dann miteinander kommunizieren, wenn die Prozessoren auch über einen Link physikalisch miteinander verbunden sind. Ein automatisches „Durchreichen" von Nachrichten über mehrere Transputer findet nicht statt, sondern muß, wenn nötig, explizit programmiert werden. Des weiteren ist *kein* Betriebssystem vorhanden, das Prozesse automatisch auf Prozessoren verteilt oder die Vermittlung der Nachrichten durchführt. Der Benutzer ist gezwungen, seine Prozesse selbst auf den Prozessoren anzuordnen und sich Gedanken über die Kommunikationsstruktur seiner Prozesse zu machen. Er gewinnt damit aber auch die Freiheit, sehr viel mit Parallelität, Verbindungstopologien und deren Auswirkungen auf das Laufzeitverhalten des Algorithmus experimentieren zu können.

Zum Schluß sei noch erwähnt, daß es Betriebssysteme für Transputer gibt, die eine automatische Prozeßverwaltung durchführen sowie globale Betriebsmittel zur Verfügung stellen (z. B. Helios [Per89]). Für das Experimentieren mit parallelen Algorithmen in der Form, wie es in diesem Buch geschieht, erweisen sich Betriebssysteme aber als wenig geeignet, da sie in der Regel die für die Parallelverarbeitung wichtigen Einflußgrößen Prozeßverteilung, Wahl der Kommunikationswege innerhalb des Netzwerkes und Lastausgleich zwischen Prozessoren vor dem Benutzer verbergen und sie so seinem Einfluß entziehen.

2 Anleitung für das Arbeiten mit einem Transputersystem

Dieses Kapitel führt in die Bedienung des im Praktikum verwendeten Transputersystems und der dazugehörenden Software ein. Damit Sie später beim Programmieren eine Vorstellung von der zugrundeliegenden Hardware haben, wird zunächst kurz auf den schematischen Aufbau des Transputersystems und dessen Anbindung an einen Wirtsrechner eingegangen. Nach der Beschreibung der Hardware wird die im Praktikum benutzte Entwicklungssoftware vorgestellt. Für die Programmierung der Transputer in Occam bieten sich einerseits die „traditionellen" Entwicklungsumgebungen „MultiTool" bzw. „TDS" und andererseits das neuere „Occam-Toolset" an; beide Alternativen werden in getrennten Abschnitten beschrieben.

2.1 Die Hardwareumgebung

An der Fakultät für Informatik der Universität Karlsruhe wird das Praktikum auf einem Transputersystem des Typs „SuperCluster" der Firma Parsytec durchgeführt, auf dessen Aufbau zunächst eingegangen wird. Anschließend werden dazu alternative Hardwareausstattungen angesprochen, die sich ebensogut zur Durchführung des Praktikums eignen.

2.1.1 Der Parsytec SuperCluster

Die Transputer des SuperClusters sind in zwei Ebenen hierarchisch angeordnet. In der ersten Ebene werden jeweils 16 Transputer des Typs T800 mit je vier Megabyte lokalem Speicher über eine Netzwerk-Konfigurationseinheit (Network-Configuration-Unit, NCU) zu einem sogenannten „Computing-Cluster" verbunden (Abb. 2.1). Die NCU kann die 64 Links der sechzehn Transputer zu jeder gewünschten Topologie verschalten und stellt außerdem zweimal 16 Links für die Kommunikation mit anderen Clustern zur Verfügung. Insgesamt realisiert eine NCU damit einen 96×96-Kreuzschienenverteiler. Intern besteht eine NCU aus mehreren 32×32-Kreuzschienenverteilern des Typs Inmos C004, die von zwei Steuertransputern konfiguriert werden.

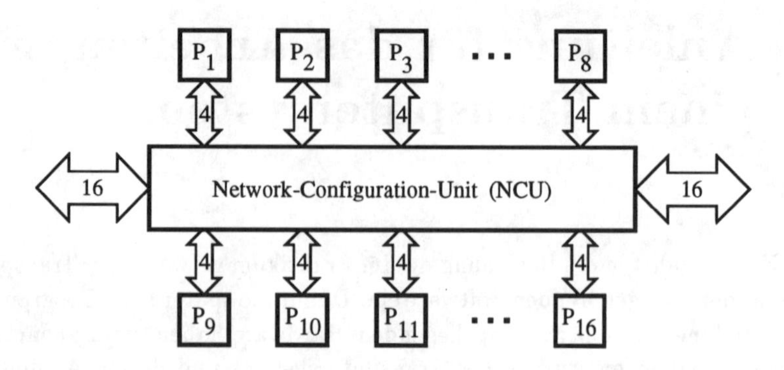

Abbildung 2.1: Schema eines Computing-Clusters

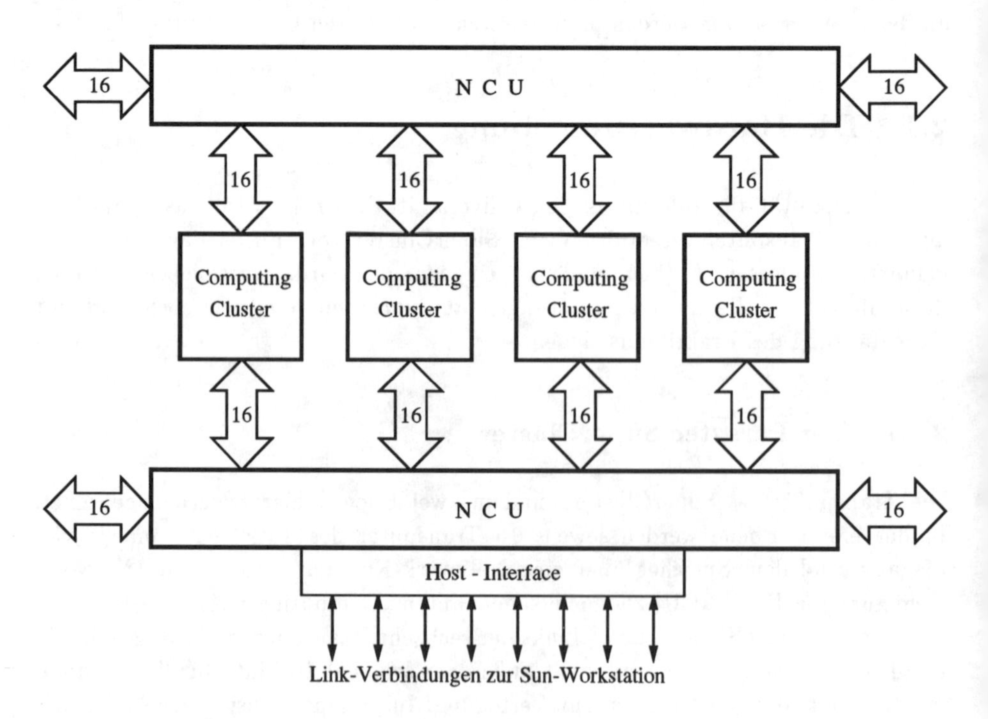

Abbildung 2.2: Aufbau des SuperClusters

Auf der nächsten Ebene werden vier derartige Computing-Cluster über zwei weitere NCUs zu einem „SuperCluster“ verbunden (Abb. 2.2). Durch diese Anordnung erreicht man eine im wesentlichen freie Verschaltbarkeit der 64 Transputer. Außerdem werden auf dieser Ebene Linkanschlüsse zur Kommunikation mit der Außenwelt zur Verfügung gestellt. Im Karlsruher SuperCluster sind z. B. acht Links zur Verbindung mit sogenannten „Host“-Transputern vorhanden, die in den „Wirtsrechner“ des Transputersystems (eine Sun-Workstation) integriert sind. Die Workstation übernimmt dabei für die Transputer nur die Aufgabe der Dateiverwaltung und stellt Terminalschnittstellen zum Dialog mit dem Benutzer zur Verfügung.

Wenn Sie mit Transputern arbeiten, belegen Sie immer einen der Host-Transputer, auf dem dann z. B. auch die Entwicklungsumgebung MultiTool (vgl. Abschn. 2.2) abläuft. Durch ein Konfigurationsprogramm können Sie eine Verbindung Ihres Host-Transputers zum SuperCluster herstellen, sich dort Transputer reservieren und diese in einer von Ihnen gewünschten Topologie verschalten lassen. Die reservierten Transputer stehen dann ausschließlich Ihnen zur Verfügung. Ein Time-Sharing Ihrer Transputer mit anderen Benutzern findet *nicht* statt. Aufgrund der oben genannten Anzahl von Verbindungen nach außen können an der vorhandenen Anlage bis zu acht Benutzer gleichzeitig und unabhängig voneinander arbeiten. Der SuperCluster wird dabei im Rahmen seiner Kapazität in beliebig große und beliebig verschaltete Transputernetzwerke „zerteilt“.

Eine ausführliche Beschreibung des SuperClusters und der Host-Transputer ist in den dazugehörigen Handbüchern [Par87, Par89c, Par89d] zu finden.

2.1.2 Andere Transputerhardware

Natürlich kann das Praktikum auch auf einem anderen als dem im vorigen Abschnitt vorgestellten Gerät durchgeführt werden. An Hardware wird für dieses Praktikum eine „ausreichende“ Anzahl von Transputern sowie ein „Wirtsrechner“ vorausgesetzt, der sein Dateiverwaltungssystem sowie Bildschirm und Tastatur bereitstellt und von dem die Transputer mit Programmen geladen werden können. Wieviele Transputer zur Verfügung stehen, spielt im Grunde keine Rolle. Je mehr Prozessoren eingesetzt werden können, desto größer wird jedoch die Motivation sein, durch geschickte Programmierung auch einen entsprechend hohen Zeitgewinn bei der Ausführung zu erzielen.

Welche Transputerserie benutzt wird, ist ebenfalls nicht von entscheidender Bedeutung. Wünschenswert ist nach dem gegenwärtigen Stand der Technik der Einsatz von Transputern der T800-Reihe, aber mit T4xx-Prozessoren lassen sich ebensogut die Prinzipien der Parallelverarbeitung vermitteln, wenn auch Gleitkommaoperationen deutlich langsamer ausgeführt werden.

Wichtig ist dagegen, daß sich die Verschaltung der Transputer für verschiedene Anwendungen verändern läßt. Dieses ist in der Regel durch Stecken der Linkverbindungen mittels Kabel oder komfortabler durch sogenannte „Software"-Verschaltung über einen programmierbaren Kreuzschienenverteiler möglich.

Kommerziell erhältlich sind heute viele Transputerprodukte, die die genannten Anforderungen erfüllen. In der Regel ist auch die Anbindung der Transputer an praktisch jeden Wirtsrechner möglich. So bietet z. B. die Firma Inmos Einsteckkarten für PCs oder andere Rechner an (vgl. z. B. [INM89a]), die mehrere Transputermodule aufnehmen und diese beliebig miteinander verschalten können. Die Firma TransferTech bietet mit ihrem „Transputerlego" oder den „Transputerbäumen" ebenfalls Produkte an, die eine freie Verschaltung der Transputer zulassen und daher für die Durchführung des Praktikums gut geeignet sind.

Eine Alternative zu den komplett erhältlichen Geräten besteht im Selbstbau. So kann man z. B. auf der Basis von Transputermodulen Geräte aufbauen, in denen die Verschaltung der Prozessoren durch eigene Hard- und Software gelöst wird. Auch die oben erwähnten Transputerbäume lassen sich in Eigenarbeit aufbauen (s. [BEPSD88a, BEPSD88b]).

2.2 Die Programmierumgebung MultiTool/TDS

Dieser Abschnitt beschreibt die an der Universität Karlsruhe hauptsächlich benutzte Programmierumgebung „MultiTool". MultiTool ist eine durch die Firma Parsytec an ihre Transputersysteme angepaßte Version des „Transputer-Development-Systems" (TDS) der Firma Inmos.[1]

MultiTool bzw. TDS ist eine weit verbreitete, für viele Rechner (verschiedene Workstations, PC, Atari, ...) erhältliche eigenständige Entwicklungsumgebung, mit der Programme für Transputer und Transputernetzwerke erstellt, übersetzt und gestartet werden können. MultiTool ist in seiner Bedienung weitgehend unabhängig vom verwendeten Wirtsrechner bzw. dessen Betriebssystem und stellt eine auf allen Rechnern einheitliche Benutzerschnittstelle zur Verfügung.

In dieser Übersicht kann nicht auf alle Einzelheiten von MultiTool eingegangen werden; daher wird versucht, vor allem die Idee und die Besonderheiten dieses Werkzeuges zu vermitteln. Die Details können Sie in dem auf Ihrem Rechner vorhandenen, speziell für Sie eingerichteten „Tutorial" am Bildschirm erlernen und auch gleichzeitig praktisch erproben. Ein sorgfältiges Durcharbeiten dieses Abschnittes

[1] Wenn Sie in Ihrem Praktikum die Software von Inmos benutzen, dann denken Sie sich in diesem Abschnitt jedes Auftreten des Wortes „MultiTool" durch das Wort „TDS" ersetzt.

erleichtert Ihnen die Arbeit in den folgenden Aufgabenkapiteln und sei Ihnen daher dringend empfohlen!

2.2.1 Bedienung von MultiTool

Die Schnittstelle zwischen MultiTool und dem Benutzer kann als ein „großer Editor“ aufgefaßt werden: Sobald das System gestartet wird, befindet man sich in einer Umgebung, von der aus man sowohl Programme erstellen als auch übersetzen und ausführen lassen kann. Die Dateiverwaltung wird ebenfalls von MultiTool übernommen, so daß der Benutzer unabhängig vom darunterliegenden Betriebssystem und der dazugehörigen Kommandosprache ist. Hier sei gleich eine Warnung ausgesprochen: Versuchen Sie auf keinen Fall, Dateien, die von MultiTool angelegt wurden, auf der Betriebssystemebene Ihres Rechners zu manipulieren oder gar zu löschen. In diesem Fall gerät MultiTool mit seiner eigenen „Dateibuchhaltung“ durcheinander, was zu unvorhersehbaren Datenverlusten führen kann.

Das Folding-Konzept

Der eben erwähnte „große Editor“ von MultiTool ist ein sogenannter „Folding-“ oder „Falten-Editor“. Das Folding-Konzept unterstützt eine Strukturierung des Programmtextes am Bildschirm und erleichtert den Top-Down-Entwurf von Programmen. Es bietet die Möglichkeit, Programmteile „zusammenzufalten“, an denen im Moment nicht gearbeitet wird, die erst noch erstellt werden sollen oder die schon hinreichend bekannt sind; sichtbar ist dann nur die Falte, d. h. eine mit drei Punkten eingeleitete Kommentarzeile. Der Text dieser Zeile ist frei wählbar und enthält üblicherweise einen Hinweis auf den Inhalt der Falte (des Folds). Somit lassen sich große Teile eines Textes verstecken, der Überblick über den Gesamttext bleibt aber dennoch jederzeit erhalten. Ein Ausschnitt aus einem Programm soll dieses verdeutlichen:

```
... Deklarationen
SEQ
  ... Initialisierungen
  WHILE running
    SEQ
      PAR
        process1 (x)
        process2 (y)
        process3 (z)
      ... Testen, ob fertig
```

Das gleiche Programmstück mit geöffnetem (also auseinandergefaltetem) Fold `Initialisierungen` sieht auf dem Bildschirm folgendermaßen aus:

```
... Deklarationen
SEQ
  {{{ Initialisierungen
  x, y, z := 1, 3.141 (REAL32), FALSE
  clock ? start.time
  running := TRUE
  }}}
  WHILE running
    SEQ
      PAR
        process1 (x)
        process2 (y)
        process3 (z)
      ... Testen, ob fertig
```

Geöffnete Folds sind zwischen `{{{` und `}}}` eingeschlossen. Hinter den öffnenden geschweiften Klammern steht der oben schon erwähnte Kommentar, also der „Name" des Folds.

Weiterhin sind auch Verschachtelungen von Folds erlaubt. So ist es z. B. möglich, Folds wiederum in übergeordneten Folds zusammenzufassen, so daß sich nach Starten der Entwicklungsumgebung und Öffnen eines Folds z. B. folgende Sicht bietet:

```
{{{F Praktikum.top
  {{{ Sortieralgorithmen
  ... Odd-Even-Transposition-Sort
  ... Merge-Splitting-Sort
  }}}
  ... Matrizenmultiplikation
  ... Verteilte Algorithmen
  ... Das Sperner-Spiel
  ... Eigene Experimente
}}}
```

Nach dem Starten von MultiTool erscheinen auf der obersten Ebene des Editors zunächst einige sogenannte „Toplevel"-Folds (erkennbar an der Endung `.top`). Diese Folds können mit dem Befehl `[ENTER FOLD]` aufgeklappt werden. Wie Sie diese Funktion ausführen, hängt von der von Ihnen verwendeten Tastatur ab. Eine ausführliche Beschreibung der Zuordnung zwischen der Tastatur Ihres Rechners und den Funktionen von MultiTool finden Sie im Anhang B für Sun-

Workstations und im Anhang C für VT100-Terminals. Auf einer Sun-Tastatur führen Sie [ENTER FOLD] beispielsweise aus, indem Sie auf dem numerischen Tastaturteil nacheinander die Tasten R13 und R4 drücken.

In der Anfangsphase wird Ihnen die ungewohnte Bedienung eines Editors durch Funktionen, die „irgendwelchen" Tasten zugeordnet sind, erfahrungsgemäß Schwierigkeiten bereiten. Lassen Sie sich davon aber nicht abschrecken, sondern merken Sie sich die Funktion [HELP], die Sie auf der Sun durch Drücken der Taste R13 gefolgt vom Buchstaben h aufrufen (auf einer VT100-Tastatur drücken Sie statt R13 die „große Null" auf dem numerischen Tastaturteil). Diese Funktion liefert Ihnen zu jeder Zeit die für Ihren Rechner gültige Tastaturbelegung.

Wichtige Editorfunktionen

Wie man unter MultiTool ein Fold öffnet und wie ein geöffnetes Fold am Bildschirm aussieht, wurde bereits weiter oben beschrieben. Andere wichtige Funktionen des Editors sind:

- [ENTER FOLD], [EXIT FOLD], [OPEN FOLD], [CLOSE FOLD] zum Öffnen und Schließen von Folds,
- [PAGE UP], [PAGE DOWN], [TOP OF FOLD], [BOTTOM OF FOLD], etc. zum Blättern im Text und
- [CREATE FOLD] bzw. [REMOVE FOLD] zum Erzeugen und Entfernen von Folds.

Des weiteren sind Funktionen für das Kopieren, Verschieben und Löschen von Zeilen vorhanden. Dabei wird nicht zwischen Textzeilen und Zeilen, die eine Falte enthalten, unterschieden. Beispielsweise kann man durch [COPY LINE] und [MOVE LINE] sehr schnell Textstellen, die in einem Fold eingeschlossen sind, duplizieren und verschieben. Andererseits bewirkt [DELETE LINE] angewandt auf ein Fold das Löschen dieses Folds samt Inhalt. In diesem Fold können auch andere Folds enthalten sein, die wiederum Programme, ausführbaren Code usw. beinhalten. Durch Löschen eines einzigen Folds mit [DELETE LINE] können Sie also Dutzende von Programmen verlieren. Das Löschen ist im allgemeinen nur *sofort* nach dem Löschbefehl durch [RESTORE LINE] rückgängig zu machen, ein mehrfaches UNDO gibt es *nicht*! Außerdem ist es nicht möglich, den Editor zu verlassen, *ohne* die durchgeführten Änderungen zu übernehmen!

Handhabung der Utilities

Unter „Utilities“ versteht man Dienstprogramme wie z. B. Compiler, Dateitransferprogramme usw. Diese Dienstprogramme sind, nach Bereichen geordnet, in sogenannten „Utility-Sets“ zusammengefaßt. Beispielsweise ist der Occam-Compiler im Compiler-Utility-Set enthalten. Diese Sets sind zu Beginn der Sitzung nicht verfügbar, sondern müssen explizit geladen werden. Sobald der Ladevorgang abgeschlossen ist, können die einzelnen Programme über die Tastenkombination `[FUNC]` `<UTIL-Nr.>` aufgerufen werden. `UTIL-Nr.` bedeutet dabei eine der Utility zugeordnete Nummer, die mittels der Zifferntasten des alphanumerischen Tastaturteils (die Tasten über den Buchstaben!) eingegeben wird.[2]

Die Nummern der geladenen und gerade aktuellen Utilities erfährt man durch das Kommando `[CODE INFO]`. Es wird zwischen *geladenen* und *aktuellen* Utilities unterschieden, weil durchaus mehrere Utility-Sets auf einmal geladen sein können, jedoch nur eines aktuell verfügbar ist. Man kann sich die Verwaltung der geladenen Utilities als einen Ringpuffer mit einem Zeiger vorstellen, der auf das aktuelle Set zeigt. Um diesen Zeiger weiterzuschalten, führt man das Kommando `[NEXT UTIL]` aus.

Ist kein Utility-Set geladen, dann erscheint in der Statuszeile – das ist die oberste Zeile des Bildschirms – die Meldung „No current UTIL“. Wie man ein Utility-Set lädt und benutzt, wird im Tutorial erklärt.

Anlegen von Foldsets

Unter Foldsets versteht man die Zusammenfassung mehrerer Folds in einem übergeordneten Fold. Nach der Fold-Philosophie von MultiTool gehören ein Programmtext, der zugehörige Programm-Code, eine Deskriptor-Liste, in der die Compiler-Optionen des Programmes abgelegt sind, und Debugger-Informationen zusammen und werden natürlich wieder in einem Fold gespeichert. Darum ist im Compiler-Utility-Set das Kommando `[MAKE FOLDSET]` enthalten, mit dem um ein Fold, das Programmtext enthält, ein Foldset mit allen oben aufgeführten Hilfsfolds herumgelegt werden kann. Der Umgang mit Foldsets wird ebenfalls im Tutorial geübt.

---

[2] Es gibt in MultiTool keine Kommandoschnittstelle; darum sind auch die Utilities auf Tasten gelegt.

Über den Umgang mit MultiTool

Jetzt wissen Sie theoretisch alles über die Bedienung von MultiTool.[3] Zum Abschluß sollen Sie noch erfahren, wie Sie MultiTool starten und wieder beenden können. In der folgenden Kurzbeschreibung wird vorausgesetzt, daß Sie an einer Workstation arbeiten, an der unter der Fensteroberfläche X-Windows eine spezielle Praktikumsumgebung eingerichtet wurde.

- **Starten von MultiTool**

  Loggen Sie sich mit der Ihnen zugeteilten Benutzernummer und Ihrem Paßwort auf einer Workstation ein. Es wird dann automatisch X-Windows gestartet, in dem Fenster `xmtool` eine Verbindung zum Wirtsrechner des Transputersystems aufgebaut sowie die Entwicklungsumgebung MultiTool aufgerufen. Weiterhin sind auf dem Bildschirm zwei Hilfsfenster mit Erläuterungen und Hinweisen zu sehen, die Sie beim Umgang mit dem System unterstützen (Abb. 2.3).

  Im Fenster für die Entwicklungsumgebung erscheint die oberste Ebene des Folding-Editors. Dort finden Sie zwei Toplevel-Folds, nämlich das Tutorial (`Tutorial.top`) und ein leeres Fold (`Praktikum.top`), in dem Sie Ihre eigenen Programme erstellen können. Bei der ersten Sitzung gehen Sie mit dem Cursor auf die Zeile, die mit `Tutorial.top` gekennzeichnet ist, und geben `[ENTER FOLD]` (also `R13` und `R4`) ein.

  Sollte Ihnen im Verlauf der Arbeit ungewollt ein Fenster „verloren" gehen, können Sie sich über ein Menü auf der linken Maustaste ein neues erzeugen.

- **Beenden von MultiTool**

  Drücken Sie wiederholt `[EXIT FOLD]`, bis Sie auf der obersten Fold-Ebene angelangt sind. Durch Eingabe von `[QUIT]` (d. h. der Tastenfolge `[FUNC] q`) verlassen Sie MultiTool wieder. Bewegen Sie nun die Maus auf den Bildschirmhintergrund, und wählen Sie mit der rechten Taste den Menüpunkt `logout`, um die Sitzung zu beenden.

- **Bei Schwierigkeiten mit MultiTool**

  Haben Sie einmal den Eindruck, daß MultiTool oder ein von Ihnen gestartetes Programm „abgestürzt" ist, so versuchen Sie, das laufende Programm mit `<Ctrl> k` abzubrechen. Zeigt sich nach angemessener Zeit kein Erfolg, dann weiß hoffentlich Ihr Betreuer Rat; fragen Sie Ihn!

---

[3] Die vollständige Beschreibung von MultiTool finden Sie in den dazugehörigen Handbüchern [Par89a, Par89b].

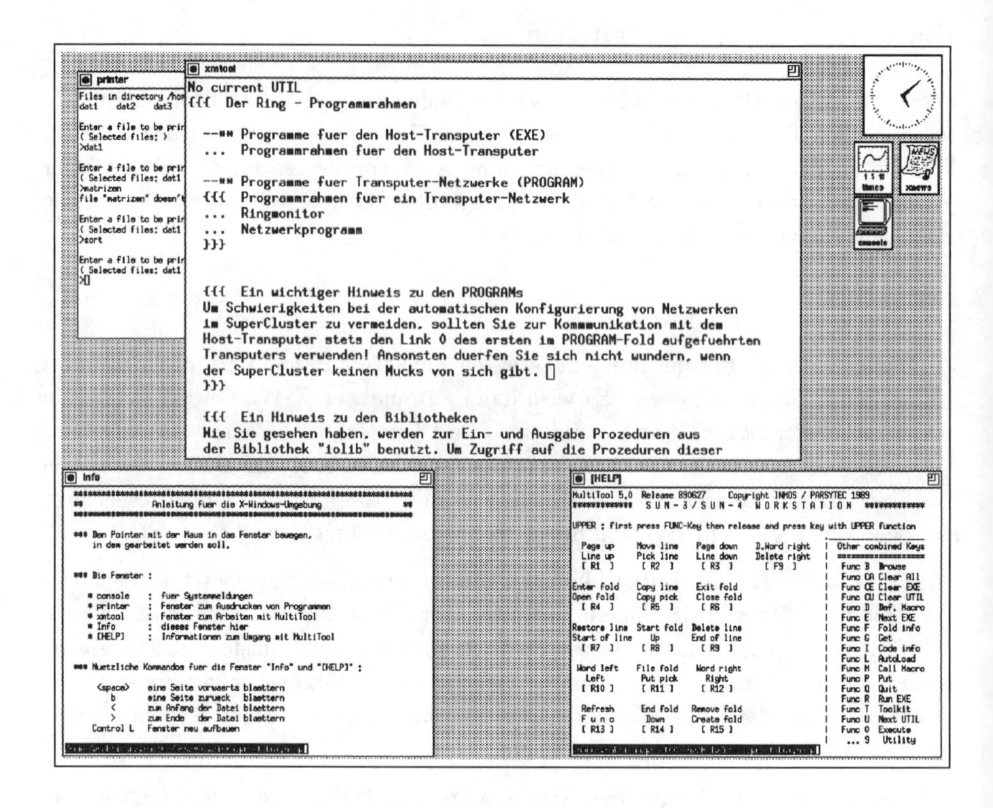

Abbildung 2.3: Praktikumsumgebung unter X-Windows

2.2.2 Programmerstellung unter MultiTool

Nach der kurzen Einführung in die Bedienung von MultiTool wird im folgenden die eigentliche Programmerstellung näher erläutert. Im Abschnitt 2.1.1 wurde erwähnt, daß beim Starten von MultiTool stets ein Host-Transputer belegt wird. Auf diesem können nicht nur Programme entwickelt, sondern – sofern es sich um Programme handelt, die nur einen einzelnen Transputer benötigen – auch geladen und gestartet werden. Bei der Programmerstellung unter MultiTool unterscheidet man daher zwischen Programmen, die auf dem Host-Transputer ablaufen (sog. `EXE`-Programme oder kurz `EXE`s) und solchen, die auf einem Netzwerk von Transputern, also mehreren in einer beliebigen Topologie verschalteten Prozessoren, ausgeführt werden (sog. `PROGRAM`s).

Programme für den Host-Transputer (EXE)

Nur die auf dem Host-Transputer ausgeführten Programme haben über die Kanäle `keyboard` und `screen` Zugriff auf die Tastatur bzw. den Bildschirm. Diese Kanäle werden standardmäßig vereinbart und jedem `EXE`-Programm automatisch zugeordnet.

Ein Beispiel für ein `EXE`-Programm ist die in Programm 2.1 dargestellte Realisierung der Anordnung aus Abbildung 2.4. Sie besteht aus sechs Prozessen, die über die angegebenen Kanäle miteinander kommunizieren. Der interne Aufbau der Prozesse `Monitor`, `R` und `Z` ist zunächst außer acht gelassen.

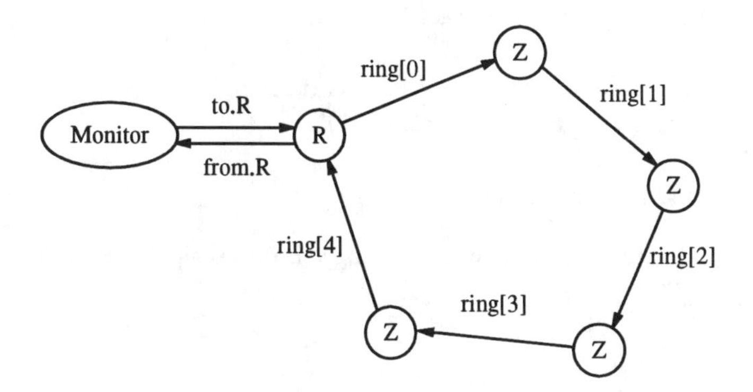

Abbildung 2.4: Ringförmig verbundene Prozesse

In dem Programm findet sich also ein Monitor, der auf Bildschirm und Tastatur zugreifen kann, und fünf weitere Prozesse, die nebenläufig zum Monitor gestartet werden. Dieses Programm kann man nun übersetzen, laden und auf dem Host-Transputer ablaufen lassen.

Programme für Transputernetzwerke (PROGRAM)

Das nächste Ziel soll es jetzt sein, das vorige Programm so abzuändern, daß die einzelnen Prozesse auf eigenen Prozessoren parallel zueinander ausgeführt werden. Dazu empfiehlt sich folgendes Vorgehen: Für den Prozeß `R` sowie die vier Prozesse `Z` wird ein aus fünf Prozessoren bestehendes Netzwerk aufgebaut, in dem die Links der fünf Transputer gemäß Abbildung 2.4 verschaltet werden und jeder Prozessor genau einen der Prozesse aufnimmt. Parallel zum Netzwerk läuft auf dem Host-Transputer ein `EXE` ab, das den Prozeß `Monitor` beherbergt; somit ist auch der Zugriff des Monitors auf Tastatur und Bildschirm gesichert.

```
-- EXE-Programm fuer einen Ring von Prozessen mit Monitor.
--
... PROC Monitor (keyboard, screen, in, out)
... PROC R (from.monitor, to.monitor, in, out)
... PROC Z (in, out)

VAL n IS 4:
-- Deklaration der verwendeten Kanaele
CHAN OF INT to.R, from.R:
[n+1] CHAN OF INT ring:

-- eigentliches Hauptprogramm des EXE
PAR
  Monitor (keyboard, screen, from.R, to.R)
  R (to.R, from.R, ring[n], ring[0])
  PAR i = 0 FOR n
    Z (ring[i], ring[i+1])
```

Programm 2.1: Occam-Programm für einen Ring von Prozessen (MultiTool)

Zunächst wird die Erstellung eines PROGRAMs beschrieben, welches das Netzwerk der fünf Prozesse realisiert; mit Hilfe der Anweisung PLACED PAR können darin die parallel ablaufenden Prozesse auf verschiedenen Transputern plaziert werden. Konkret denkt man sich zunächst für jeden Prozessor eine interne Nummer aus und teilt sie dem Compiler zusammen mit dem Typ des Prozessors mit. Dann hat man sich zu überlegen, wie die Prozessoren miteinander durch Kommunikationskanäle verbunden werden sollen. Dabei orientiert man sich entweder an der fest vorgegebenen Verschaltung der Transputer oder entwirft eine eigene Topologie, falls die Verbindungen der Prozessoren (wie z. B. im SuperCluster) durch ein Konfigurationsprogramm beliebig eingestellt werden können.

Aus der Verbindungstopologie ergibt sich dann, auf welchen physikalischen Links die logischen Kanäle, über die die Prozessoren miteinander kommunizieren, plaziert werden. Diese Angaben werden im Programm mit der PLACE AT-Anweisung notiert – hierbei sollte man aus Gründen der besseren Lesbarkeit statt der Adressen der Links die in Abbildung 2.5 eingeführten mnemonischen Bezeichnungen benutzen. Schließlich gibt man noch den Namen der Prozedur an, die auf diesem Prozessor ausgeführt werden soll. Damit erhält man für den Prozeß R z. B. folgende Angaben:

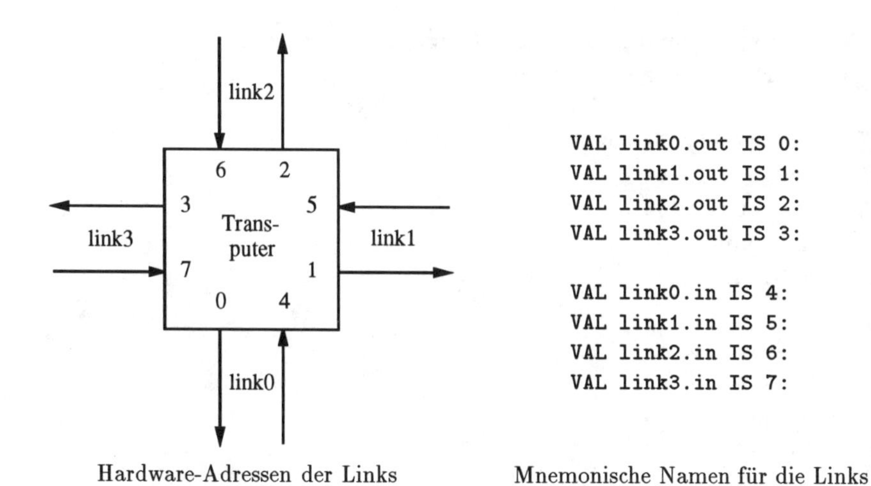

Abbildung 2.5: Die physikalischen Adressen der Transputerlinks

```
PLACED PAR
  PROCESSOR 0 T8           -- T8 steht fuer T800
    PLACE to.R    AT link0.in:
    PLACE from.R  AT link0.out:
    PLACE ring[n] AT link1.in:
    PLACE ring[0] AT link2.out:
    R (to.R, from.R, ring[n], ring[0])
```

Der Prozeß R soll also auf einem Prozessor des Typs T800 ablaufen, der die interne Nummer 0 erhält. Mit dem Monitor soll der Prozessor über den Link 0, mit einem Prozeß Z über den Link 2 und mit dem letzten Prozeß Z des Ringes über Link 1 verbunden sein. An der Verbindung zwischen dem Prozeß R und dem Monitor ist ersichtlich, daß auf einem physikalischen Link eines Transputers zwei logische Occam-Kanäle plaziert werden können, und zwar in jeder Kommunikationsrichtung genau einer. Das Plazieren von mehr als einem Kanal pro Linkrichtung ist nicht zulässig – in diesem Fall ist jeweils die letzte Plazierung gültig. Sollen mehrere Kanäle über einen Link kommunizieren, so kann man sich durch Multiplexen und anschließendes Demultiplexen der Kanäle helfen, das jedoch explizit programmmiert werden muß.

Zurück zum Beispiel: Für die anderen vier Prozesse nimmt man auch entsprechende Plazierungen vor und erhält schließlich das in Programm 2.2 angegebene PROGRAM für das Netzwerk. Hierbei ist noch zu beachten, daß die Prozesse R und Z jeweils in einem sogenannten „SC-Fold“ – SC steht für Separate-Compilation-Unit – vor-

```
-- Netzwerkprogramm fuer einen Ring von Prozessoren
-- mit Verbindung zum Monitor.
--
{{{ Mnemonische Namen fuer die Links
VAL link0.out IS 0:
VAL link1.out IS 1:
VAL link2.out IS 2:
VAL link3.out IS 3:

VAL link0.in  IS 4:
VAL link1.in  IS 5:
VAL link2.in  IS 6:
VAL link3.in  IS 7:
}}}

-- Prozeduren
...  SC PROC R (from.monitor, to.monitor, in, out)
...  SC PROC Z (in, out)

-- Anzahl der Prozesse 'Z'
VAL n IS 4:

-- Deklaration der verwendeten Kanaele
CHAN OF INT to.R, from.R:
[n+1] CHAN OF INT ring:

-- Zuordnung von Prozessen zu Prozessoren
PLACED PAR
  PROCESSOR 0 T8          -- T8 steht fuer T800
    PLACE to.R     AT link0.in:
    PLACE from.R   AT link0.out:
    PLACE ring[n]  AT link1.in:
    PLACE ring[0]  AT link2.out:
    R (to.R, from.R, ring[n], ring[0])
  PLACED PAR i = 0 FOR n
    PROCESSOR i + 1 T8
      PLACE ring[i]   AT link0.in:
      PLACE ring[i+1] AT link1.out:
      Z (ring[i], ring[i+1])
```

Programm 2.2: Das fertige Netzwerkprogramm des Ringes

liegen müssen.[4] In einem SC-Fold darf auf keine außerhalb des Folds vorhandenen globalen Deklarationen zugegriffen werden. Als Parameter einer Prozedur innerhalb eines SC-Folds sollten des weiteren nur Konstanten und Kanäle übergeben werden, so daß diese Prozesse einzig über Kanäle mit ihrer Umgebung kommunizieren können. Diese Einschränkung erscheint plausibel, wenn man bedenkt, daß die Prozeduren auf verschiedenen Prozessoren ablaufen sollen und mehrere Transputer im allgemeinen über keinen gemeinsamen Speicher verfügen.

Jetzt fehlt noch ein EXE-Programm, in dem die Prozedur Monitor aufgerufen wird (vgl. Prog. 2.3). Dabei ist darauf zu achten, daß die Kanäle zur Kommunikation mit dem Netzwerk auf dem richtigen Link plaziert werden. Auf der in Karlsruhe im Praktikum eingesetzten Anlage kann der Host-Transputer z. B. nur über den Link 2 mit dem Netzwerk kommunizieren. Diese Linkverbindung ist fest eingestellt und kann vom Benutzer nicht verändert werden.

```
-- Monitorprogramm fuer den Ring.
--
#USE names  -- Bibliothek mit mnemonischen Linknamen einbinden
...  PROC Monitor (keyboard, screen, in, out)

-- Kanaele deklarieren und plazieren
CHAN OF INT from.R, to.R:
PLACE from.R AT link2.in:
PLACE to.R   AT link2.out:

Monitor (keyboard, screen, from.R, to.R)
```

Programm 2.3: Monitorprogramm des Netzwerkes

Damit wurde das Beispiel vollständig auf mehrere Transputer übertragen, und es kann nun versucht werden, das Programm nach erfolgreicher Übersetzung auszuführen. Wenn Sie an einem Transputersystem arbeiten, das wie der SuperCluster eine beliebige Verschaltung der Transputer erlaubt, sollten Sie vor dem ersten Laden Ihres Programmes sicherstellen, daß die Prozessoren auch wie im PROGRAM angegeben miteinander verbunden sind. Dafür ist in der Regel ein Konfigurationsprogramm vorhanden, das die von Ihnen benötigte Anzahl Prozessoren reserviert und sie in der gewünschten Topologie verschaltet. In die Bedienung dieses Programmes werden Sie im Tutorial eingewiesen.

Sobald das übersetzte PROGRAM auf das Transputernetzwerk geladen wurde, beginnt

[4] Wie Sie um ein Fold mit Prozedurtext ein SC-Foldset legen, können Sie wieder praktisch im Tutorial üben.

dieses mit seiner Ausführung. In der Regel wird es zunächst auf Daten vom Host warten. Daher sollte nun auf dem Host-Transputer das EXE-Programm des Monitors gestartet werden, damit es mit dem Netzwerk kommunizieren kann.

Tips für die Programmentwicklung

Occam-Programme sollten mit MultiTool zunächst auf *einem* Transputer entwickelt und getestet werden. Erst wenn ein Programm fehlerfrei funktioniert, ist es sinnvoll, dieses auf ein Transputernetzwerk zu übertragen. Diese Vorgehensweise hat aber neben vielen Vorteilen auch ihre Tücken, denn mit Occam lassen sich auf *einem* Prozessor interessante Programmiertechniken benutzen, die jedoch nicht immer auf ein Netzwerk mit mehreren Prozessoren übertragbar sind:

- Prozesse, die nebenläufig auf einem Prozessor ablaufen, dürfen gleichzeitig lesend auf globale Daten zugreifen.
- Auf einem Prozessor können nebenläufige Prozesse über beliebig viele Kanäle miteinander kommunizieren.
- In einem EXE-Programm auf dem Host-Transputer kann jeder Prozeß auf Bildschirm oder Tastatur zugreifen.
- Ein interner Kanal innerhalb eines Prozessors kann bei strenger Synchronisation bidirektional, also sowohl zum Empfang als auch zum Verschicken von Botschaften, verwendet werden.

Daher sollte man bei der Programmkonzeption die Schranken, die sich durch ein verteiltes Transputernetzwerk ohne gemeinsamen Speicher ergeben, von Anfang an im Auge behalten:

- Da es in einem Transputernetzwerk keinen gemeinsamen Speicher gibt, ist die Verwendung globaler Variablen ausgeschlossen.
- Die Anzahl der Kanäle zwischen Prozessoren ist durch die Anzahl der Links eines Transputers beschränkt. Über jeden physikalischen Link kann nur jeweils ein Aus- und ein Eingabekanal abgewickelt werden.
- Prozessoren in dem PROGRAM eines Netzwerkes haben *keinen* direkten Zugriff auf Tastatur oder Bildschirm. Ein- bzw. Ausgaben müssen über den Host-Transputer abgewickelt und bei Bedarf ins Netzwerk geschickt werden.

- Da die Kanäle zur Kommunikation mit anderen Prozessoren physikalisch auf verschiedenen Link-Interfaces plaziert werden müssen, ist die bidirektionale Verwendung solcher Kanäle ausgeschlossen.

Das Erstellen von Netzwerkprogrammen klingt zunächst kompliziert, läuft jedoch immer nach dem gleichen Schema ab. Um das in diesem Abschnitt Gelesene zu vertiefen, sollen Sie nun zwei kleine Aufgaben bearbeiten.

Aufgaben

1. Das eben vorgestellte Programm für den Ring kommunizierender Prozesse ist auszugsweise bereits in einem Fold Ihres Tutorials vorhanden. Sie sollen nur noch die Prozesse `R` und `Z` mit Leben füllen. Der Root-Prozeß `R` hat die Aufgabe, vom Monitor einen Zahlenwert zu empfangen und ihn über den Kanal `ring[0]` an den ersten Prozeß `Z` des Ringes zu schicken. Die Prozesse `Z` sollen nun jeweils einen Zähler realisieren, der einen Wert einliest, diesen um eins hochzählt und dann weiterschickt. Der vom letzten Zähler verschickte Wert soll schließlich wieder von `R` empfangen und an den Monitor zurückgesandt werden. Der Monitor zeigt dann den verschickten und den empfangenen Wert auf dem Bildschirm an.

   Vervollständigen Sie den im Tutorial vorhandenen Programmtext, so daß die Prozeduren die oben beschriebenen Funktionen ausführen. Übersetzen Sie Ihre Programme für `EXE` und `PROGRAM`, und laden Sie diese auf die Transputer.

2. Ändern Sie die Plazierungen der Kanäle des Root-Prozessors folgendermaßen ab:

```
PLACED PAR
  PROCESSOR 0 T8          -- T8 steht fuer T800
    PLACE to.R     AT link0.in:
    PLACE from.R   AT link0.out:
    PLACE ring[n]  AT link1.in:
    PLACE ring[0]  AT link1.out:    <--- hier hat sich
                                         etwas geaendert!
    R (to.R, from.R, ring[n], ring[0])
```

   Versuchen Sie nun, dieses Programm zu übersetzen. Der Compiler wird Ihnen eine Fehlermeldung geben. Warum?

2.3 Das Occam-Toolset

Das Occam-Toolset ist eine Programmierumgebung für Transputer, die im Gegensatz zum vorher beschriebenen MultiTool/TDS keinen obligatorischen Editor enthält und auch keinerlei Dateiverwaltungsaufgaben mehr übernimmt. Es wird vielmehr vorausgesetzt, daß der Programmierer sowohl mit der Handhabung eines Editors als auch mit dem Betriebssystem des Wirtsrechners, an den die Transputer angeschlossen sind, vertraut ist. Das Toolset stellt im wesentlichen nur noch Compiler, Linker und Konfigurierer zur Verfügung, die im allgemeinen auch auf dem Wirtsrechner selbst und nicht mehr auf einem Transputer (wie beim MultiTool/TDS auf dem Host-Transputer) ablaufen.

In dieser kurzen Einführung wird nicht im einzelnen auf das Vorgehen beim Erstellen oder Übersetzen von Occam-Programmen eingegangen, da dieses von Rechner zu Rechner unterschiedlich sein kann. Die Grundlagen der Bedienung Ihrer speziellen Umgebung sollten Sie daher – falls Sie diese noch nicht besitzen – zunächst in einem Tutorial erwerben. Dort lernen Sie insbesondere auch, wie Sie die einzelnen Programmteile übersetzen müssen, wie diese zu einem ausführbaren Programm zusammengebunden werden und wie das fertige Programm schließlich auf dem Transputersystem gestartet wird.

Als Beispiel zur Erklärung des Toolsets dient wieder das aus Abbildung 2.4 (s. S. 27) bekannte Netzwerk, das – analog zum Vorgehen unter MultiTool im letzten Abschnitt – nun unter Verwendung des Toolsets in ein Occam-Programm umgesetzt wird. Das Vorgehen gliedert sich wieder in zwei Teile: Zunächst soll das Programm für einen einzelnen Transputer – den Host-Transputer (vgl. Abschn. 2.1.1) – programmiert und danach auf ein Netzwerk von Transputern portiert werden.

2.3.1 Programme für einen einzelnen Transputer

Ein Programm, das auf einem einzelnen Transputer abläuft, besteht im Toolset aus einer „Hauptprozedur“, innerhalb der das Occam-Programm formuliert ist. Bei der Hauptprozedur handelt es sich um eine Occam-Prozedur, die eine vorgegebene Anzahl Parameter eines fest vorgeschriebenen Typs besitzen muß. Aus dem folgenden Programmfragment kann man die Datentypen und die Reihenfolge der Parameter ersehen; der eigentliche Programmrumpf ist in einer einem Folding-Editor[5] ähnlichen Form nur angedeutet:

---

[5] Auch im Toolset läßt sich mit Hilfe eines Folding-Editors (vgl. Abschn. 2.2.1) sehr übersichtlich programmieren. Für diese Zwecke kann man z. B. den im Toolset enthaltenen F-Editor oder den sehr viel komfortableren, als Public-Domain-Programm erhältlichen, Origami-Editor verwenden.

```
#INCLUDE "hostio.inc"
PROC a.single.transputer.program (CHAN OF SP from.server,
                                              to.server,
                                  [] INT memory)
  #USE "hostio.lib"
  ... Rumpf des Occam-Programmes
:
```

Die Kanäle `from.server` und `to.server` dienen zur Kommunikation des Occam-Programmes mit dem Wirtsrechner. Über diese beiden Kanäle wird nach einem festgelegten Protokoll (dem Server-Protokoll `SP`) der Zugriff des Transputers auf Bildschirm, Tastatur sowie das Dateisystem des Wirtsrechners abgewickelt. Als dritten Parameter erhält die Prozedur ein Feld variabler Länge, das dem Programm den freien Speicher des Transputers zur Verfügung stellt.

Die `#INCLUDE`-Anweisung fügt Programmtext aus Dateien, z. B. Konstanten- oder Protokolldefinitionen, an beliebiger Stelle in ein Programm ein. Auf diese Weise wird im obigen Beispiel in der ersten Zeile die Deklaration des Serverprotokolls eingesetzt. Bibliotheken oder schon übersetzte Prozeduren und Funktionen werden dagegen – wie im Programmbeispiel die Bibliothek `hostio.lib` – mit Hilfe des `#USE`-Befehls eingebunden.

Mit diesem Wissen kann die Prozeßanordnung aus Abbildung 2.4 in ein Programm umgesetzt werden, das auf einem einzelnen Transputer abläuft (Prog. 2.4). Die Prozedur `main` realisiert dort die oben beschriebene Hauptprozedur des Programmes. Der interne Ablauf der Prozesse `Monitor`, `R` und `Z` interessiert auch hier zunächst nicht weiter; ihre Positionen im Programmtext sind daher nur angedeutet. Nach der Deklaration der benötigten Kanäle werden durch die `PAR`-Anweisung die sechs nebenläufigen Prozesse gestartet. Wenn das Programm abgearbeitet ist, teilt es dem Wirtsrechner durch Aufruf der Prozedur `so.exit` ihr erfolgreiches Terminieren mit.

Dieses Programm kann nun in einer Datei abgelegt und auf der im Tutorial gezeigten Weise übersetzt und gestartet werden. Der Aufbau der auf einem einzelnen Transputer ablaufenden Programme im Toolset ist bis auf die genannten Zusätze mit dem von EXE-Programmen unter MultiTool/TDS identisch.

2.3.2 Programme für Transputernetzwerke

Jetzt soll das im vorigen Abschnitt erstellte Programm so verändert werden, daß die Prozesse `Monitor`, `R` und `Z` auf jeweils eigenen Prozessoren in einem Transputernetzwerk ablaufen. Dazu werden zunächst die Prozeduren in separaten Dateien

```
-- Toolset-Programm fuer einen Ring von Prozessen mit Monitor.
--
#INCLUDE "hostio.inc"                  -- Protokolle einbinden
PROC main (CHAN OF SP from.server, to.server,
           [] INT memory)
  ... PROC Monitor (from.server, to.server, in, out)
  ... PROC R (from.monitor, to.monitor, in, out)
  ... PROC Z (in, out)

  VAL n IS 4:
  -- Deklaration der verwendeten Kanaele
  CHAN OF INT to.R, from.R:
  [n+1] CHAN OF INT ring:

  -- eigentliches Hauptprogramm
  SEQ
    PAR
      Monitor (from.server, to.server, from.R, to.R)
      R (to.R, from.R, ring[n], ring[0])
      PAR i = 0 FOR n
        Z (ring[i], ring[i+1])
    so.exit (from.server, to.server, sps.success)
:
```

Programm 2.4: Programm für einen Ring von Prozessen (Toolset)

erstellt und so übersetzt, daß sie später vom Konfigurierer zu einem Netzwerkprogramm zusammengebunden werden können.

Neben dem Code der einzelnen Prozeduren benötigt der Konfigurierer eine Beschreibung der Hardware-Struktur des Netzwerkes und die Zuordnung der Prozesse zu den Prozessoren. Diese Angaben sind in einer speziellen „Beschreibungssprache" in der zum Programm gehörenden sogenanten „Beschreibungsdatei" zu notieren. Die Beschreibungssprache ist eine eigenständige Sprache, die sich in ihrem Aufbau – z. B. Geltungsbereich von Variablen und strenge Formatbindung – eng an Occam anlehnt. Anhand der Beschreibungsdatei des Beispielprogrammes (s. Prog. 2.5) werden einige Sprachelemente vorgestellt, die für die Bearbeitung der Praktikumsaufgaben ausreichen.

Im sogenannten „Hardwareteil" der Beschreibungsdatei wird das physikalische Netzwerk, auf dem das Programm ablaufen soll, definiert. Hierfür sind Angaben

```
VAL MByte IS 1024 * 1024: -- Definition von Konstanten
VAL n     IS 4:
-- Hardware-Beschreibung:
--
NODE Monitor.P, Root.P:   -- Prozessoren deklarieren.
[n] NODE Ring.P:          --
ARC hostlink:             -- Vordefinierte Verbindung zum Host.
NETWORK Ring
  DO
    SET Monitor.P (type, memsize := "T800", 4*MByte)
    CONNECT HOST TO Monitor.P [link][0] WITH hostlink
    CONNECT Monitor.P [link][2] TO Root.P [link][0]
    SET Root.P (type, memsize := "T800", 4*MByte)
    CONNECT Root.P [link][2] TO Ring.P[0]   [link][0]
    CONNECT Root.P [link][1] TO Ring.P[n-1] [link][1]
    DO i = 0 FOR n
      DO
        SET Ring.P[i] (type, memsize := "T800", 4*MByte)
        IF
          i <> (n-1)
            CONNECT Ring.P[i] [link][1] TO Ring.P[i+1] [link][0]
          TRUE
            SKIP
:
-- Software-Beschreibung:
--
#INCLUDE "hostio.inc"  -- Einfuegen der Host-Protokolle.
#USE "monitor.lku"     -- Einbinden der separat uebersetzten
#USE "root.lku"        -- Programmteile der einzelnen
#USE "ring.lku"        -- Prozesse.
CONFIG
  CHAN OF SP from.Host, to.Host:  -- logische Kanaele deklarieren.
  CHAN OF INT to.R, from.R:
  [n+1] CHAN OF INT ring:
  PLACE from.Host, to.Host ON hostlink:
  PAR
    PROCESSOR Monitor.P
      Monitor (from.Host, to.Host, from.R, to.R)
    PROCESSOR Root.P
      R (to.R, from.R, ring[n], ring[0])
    PAR i = 0 FOR n
      PROCESSOR Ring.P[i]
        Z (ring[i], ring[i+1])
:
```

Programm 2.5: Beschreibungsdatei des Ringnetzwerkes mit Monitor zu den verwendeten Prozessoren und deren Verschaltung untereinander sowie über eventuell bestehende Verbindungen des Netzwerkes zur „Außenwelt" – also mit im Netzwerk nicht beschriebenen Prozessoren oder anderen Geräten – notwendig.

Im oberen Teil des Programmes 2.5 ist die Hardwarebeschreibung für das Beispiel angegeben. Durch das Schlüsselwort `NODE` werden die Namen der physikalischen Prozessoren – also die Knoten des Netzwerkes – festgelegt; im Beispiel sind dieses die Prozessoren mit den logischen Namen `Monitor.P`, `Root.P` und ein Feld namens `Ring.P`, das aus vier Einzelknoten besteht.

Durch das Wort `ARC` werden die Verbindungen deklariert, über die das Netzwerk mit der Außenwelt kommunizieren kann; in unserem Fall wird nur die Kante `hostlink` vereinbart, an die der Wirtsrechner angeschlossen ist.

Nun können innerhalb der `NETWORK`-Anweisung die vorher deklarierten Netzwerkknoten genauer beschrieben werden. Dafür ist zunächst die Angabe des Prozessortyps und des vorhandenen Speichers erforderlich. Diese Daten sind in den durch `SET` eingeleiteten Zeilen der Beschreibungsdatei notiert – im angegebenen Beispiel werden nur Transputer des Typs T800 mit jeweils 4 MByte Speicher verwendet. Nach der Beschreibung jedes Prozessors können durch `CONNECT` seine Verbindungen zu anderen Netzwerkknoten angegeben werden. So ist z. B. der Prozessor `Monitor.P` mit Link 0 über die Kante `hostlink` mit dem Wirtsrechner und über seinen Link 2 mit dem Link 0 des Prozessors `Root.P` verbunden; die anderen Prozessoren und deren Verschaltung notiert man in analoger Weise. Bei der Beschreibung der Ringprozessoren `Ring.P` ist außerdem gezeigt, wie innerhalb der Beschreibungssprache die bedingte Anweisung `IF` verwendet werden kann.

Im unteren Teil des Programmes 2.5 werden in der „Softwarebeschreibung" die nebenläufigen Prozesse und deren Kommunikationsfluß beschrieben. Nachdem mit `#INCLUDE` bzw. `#USE` die Konstantendeklarationen bzw. die Dateien mit den bereits übersetzten Prozeduren eingebunden wurden, beginnt der durch `CONFIG` eingeleitete eigentliche Konfigurationsteil des Programmes. Die `PAR`-Anweisung bezeichnet die gleichzeitg ablaufenden Prozeduren. Da diese nicht nur nebenläufig, sondern echt parallel ausgeführt werden sollen, wird jedem Prozeß durch das Schlüsselwort `PROCESSOR` explizit ein Prozessor aus der Hardwarebeschreibung zugewiesen.[6]

Eine explizite Zuordnung der innerhalb der Netzwerkbeschreibung verwendeten logischen Kanäle auf konkrete Transputerlinks ist – im Gegensatz zur Programmierung von `PROGRAM`s unter MultiTool/TDS – nicht notwendig. Der Konfigurierer kann anhand der Hardwarebeschreibung selbst eine geeignete Plazierung vorneh-

[6] Es ist auch möglich, mehrere Prozesse auf demselben Prozessor zu plazieren; dafür ist aber ein sogenanntes „Mapping" notwendig, das ausführlich im Handbuch [INM91] beschrieben wird, im Praktikum aber keine Verwendung findet.

men. Kanäle, die jedoch zu Komponenten außerhalb des Netzwerkes führen, müssen dagegen auf den in der Hardwarebeschreibung angegebenen ARCs plaziert werden. Im Beispiel ist dieses für die Kanäle zur Kommunikation mit dem Wirtsrechner notwendig, die explizit auf `hostlink` plaziert werden. Damit ist das Netzwerkprogramm für das Beispiel komplett und kann übersetzt, zusammengebunden und geladen werden.

Wie bei der Programmierung von Netzwerkprogrammen unter MultiTool/TDS gelten natürlich auch für die Erstellung von Netzwerken mit dem Toolset die im Abschnitt 2.2.2 genannten „Tips für die Programmentwicklung", in denen die Einschränkungen beim Übergang von Einzelprozessor- zu Netzwerkprogrammen beschrieben werden.

Aufgaben

3. Das eben vorgestellte Programm für den Ring von Prozessen ist auszugsweise bereits in Ihrem Tutorial vorhanden; Sie brauchen nur noch die Prozesse `R` und `Z` zu programmieren. Der Root-Prozeß `R` soll von dem Monitor einen Zahlenwert empfangen und ihn über den Kanal `ring[0]` an den ersten Prozeß `Z` des Ringes schicken. Die Prozesse `Z` realisieren jeweils einen Zähler, der einen Wert einliest, diesen um eins herunterzählt und dann weiterschickt. Der vom letzten Zähler verschickte Wert soll schließlich wieder von `R` empfangen und an den Monitor zurückgesandt werden. Der Monitor zeigt dann den verschickten und den empfangenen Wert auf dem Bildschirm an.

Vervollständigen Sie die im Tutorial vorhandenen Prozeduren, so daß sie die oben beschriebenen Funktionen ausführen. Übersetzen Sie dann Ihr Netzwerkprogramm, und laden Sie es auf ein Transputernetzwerk.

4. Ändern Sie jetzt den Softwareteil Ihrer Beschreibungsdatei dahingehend, daß Sie die Zeile

```
PLACE from.Host, to.Host ON hostlink:
```

durch Kommentieren aus Ihrem Programm entfernen.

Versuchen Sie nun, dieses Programm zu übersetzen. Der Compiler wird Ihnen eine Warnung geben, und Sie werden das Programm nicht laden können. Warum?

3 Zwei parallele Sortieralgorithmen

In diesem Versuch sollen zwei parallel arbeitende Sortieralgorithmen auf einem Transputersystem implementiert werden. Vor der eigentlichen Beschreibung der Verfahren werden einige für die Bewertung der Implementierung nützliche Begriffe definiert. In einer Einführung wird dann die Idee der Algorithmen zunächst unabhängig von einer bestimmten Rechnerarchitektur beschrieben; anschließend werden Hinweise zur Implementierung auf einem Transputernetzwerk sowie Erläuterungen zu den gestellten Aufgaben gegeben.

3.1 Bewertung paralleler Algorithmen

Vor der Implementierung paralleler Algorithmen sollte man sich überlegen, was man grundsätzlich durch die Parallelverarbeitung erreichen möchte. Die Antwort wurde bereits in Kapitel 1.1 gegeben: Durch die gemeinsame Lösung eines Problems durch mehrere Prozessoren verspricht man sich in erster Linie einen Zeitgewinn bei der Ausführung. Dieser Gewinn sollte mit einer Erhöhung der Prozessorenanzahl wachsen. Verdoppelt man beispielsweise die Anzahl der Prozessoren, so erhofft man sich gleichzeitig auch eine Halbierung der Ausführungszeit. In diesem Abschnitt werden nun Größen zur Beurteilung paralleler Algorithmen definiert.

3.1.1 Beschleunigung und Effizienz

Zur Bewertung paralleler Algorithmen sollen im Praktikum die beiden Größen *Beschleunigung* und *Effizienz* herangezogen werden. In der Literatur (vgl. z. B. [Erh90, Fin88, Qui88]) werden diese Begriffe üblicherweise wie folgt definiert:

Beschleunigung: Sei ein Problem der Größe n gegeben und seien s_n die Laufzeit des besten bekannten sequentiellen Algorithmus zur Lösung dieses Problems sowie $p_n(N)$ die Laufzeit eines parallelen Algorithmus für das gleiche Problem unter Verwendung von N Prozessoren, dann wird die durch den parallelen Algorithmus erreichte *Beschleunigung* $b_n(N)$ (auch *Speedup* genannt) definiert als

$$b_n(N) = \frac{s_n}{p_n(N)} \; .$$

Wie zuvor erwähnt, ist der Hauptgrund für den Einsatz paralleler Rechner und paralleler Algorithmen eine erhoffte kürzere Bearbeitungszeit gegenüber einer sequentiellen Version. Daher wird man einen parallelen Algorithmus umso „besser" bewerten, je größer die Werte seiner Funktion $b_n(N)$ sind.

Ein wichtiger Punkt bei der Bewertung paralleler Algorithmen ist neben der Beschleunigung die Anzahl der verwendeten Prozessoren, mit der diese Beschleunigung erzielt wurde. Darum liegt es nahe, auch die „Effizienz" eines parallelen Algorithmus zu betrachten.

Effizienz: Setzt man die Beschleunigung $b_n(N)$ und die Prozessorenanzahl N eines parallelen Algorithmus ins Verhältnis, so erhält man den Wert

$$e_n(N) = \frac{b_n(N)}{N} ,$$

der als *Effizienz* dieses parallelen Algorithmus bezeichnet wird.

3.1.2 Eine andere Definition der Beschleunigung

Möchte man nun die erreichte Beschleunigung eines implementierten Algorithmus messen, so wirft das direkte Umsetzen der Definition aus Abschnitt 3.1.1 einige Fragen auf:

- Was ist der „beste sequentielle" Algorithmus zur Lösung des Problems und wie bestimmt man dessen Laufzeit?

  Damit verbunden sind die Fragen: Auf welcher Maschine wurde die Laufzeit gemessen? Wie gut ist der Algorithmus implementiert? Wie stark beeinflußt die Grundschnelligkeit des Rechners und nicht der Algorithmus an sich die Meßwerte? Sind die Daten überhaupt vergleichbar? Diese Fragen implizieren die Antwort, daß der Begriff des „besten sequentiellen" Algorithmus *praktisch* nicht faßbar ist. *Theoretisch* läßt sich sogar zeigen, daß es Probleme gibt, zu deren Lösung gar kein „bester" Algorithmus existiert (vgl. dazu z. B. den Blumschen Beschleunigungssatz in [HU79]). Damit stellt sich die nächste Frage:

- Ist es erlaubt, statt des „besten sequentiellen" eine eigene Implementierung eines „guten" Algorithmus (beim Sortieren z. B. Heapsort oder Quicksort) als Bezugsgröße s_n zu verwenden?

  Falls man dieses bejaht, ergeben sich neue Fragen: Wie gut oder schlecht ist in diesem Fall der sequentielle Algorithmus, insbesondere im Vergleich zu anderen „guten" Algorithmen, implementiert? Verwendet man die gleiche Maschine und dieselbe Programmiersprache wie beim parallelen Programm? Ist der vom Sprachübersetzer produzierte Code für den sequentiellen und parallelen Algorithmus gleich effizient? Was vergleicht man durch die Laufzeitmessungen überhaupt?

Die Bestimmung der Beschleunigung eines parallelen Algorithmus im Sinne der Definition 3.1.1 anhand von Laufzeitmessungen ist demnach praktisch unmöglich. Um dennoch die „Qualität" paralleler Algorithmen beurteilen zu können, bezieht man sich in der Praxis häufig allein auf das *adaptive Verhalten* paralleler Algorithmen, d. h. auf die Änderung der Laufzeit eines parallelen Algorithmus bei Variation der Prozessorenanzahl. Vergleicht man die Ausführungszeiten des Algorithmus unter Verwendung von i und j Prozessoren ($i < j$), so wünscht man sich natürlich, daß sich die Laufzeit bei Einsatz von j Prozessoren entsprechend verringert. Aus diesem adaptiven Verhalten versucht man dann zu folgern, ob der betrachtete Algorithmus als „gut" oder „schlecht" zu bewerten ist.

Es liegt daher nahe, die Definition der Beschleunigung dahingehend zu modifizieren, daß als Bezugsgröße, statt der Ausführungszeit s_n des besten sequentiellen Algorithmus, die Zeit herangezogen wird, die derselbe parallele Algorithmus unter Verwendung nur *eines* Prozessors benötigt:

Relative Beschleunigung: Sei ein Problem der Größe n gegeben und sei $p_n(N)$ die Laufzeit eines parallelen Algorithmus zur Lösung des Problems unter Verwendung von N Prozessoren ($N \geq 1$), dann wird die *relative Beschleunigung* $rb_n(N)$ dieses Algorithmus (in [Fin88] auch *Rough speedup* genannt) definiert als

$$rb_n(N) = \frac{p_n(1)}{p_n(N)} .$$

Die *relative Effizienz* wird entsprechend unter Bezug auf die relative Beschleunigung definiert.

Die relative Beschleunigung ist damit unabhängig von dem in der Praxis schwer zu fassenden Begriff des „besten sequentiellen" Algorithmus definiert. Sie läßt demnach aber auch keine Aussagen mehr über die Beschleunigung der Lösung des *Problems* durch einen parallelen Algorithmus zu, sondern bewertet nur noch das Verhalten des einen *implementierten Algorithmus*, ohne ihn mit anderen Implementierungen oder gar anderen Algorithmen zu vergleichen.

Da die oben definierte relative Beschleunigung auch in der Praxis bei der Beurteilung nebenläufiger bzw. paralleler Algorithmen weit verbreitet ist, soll sie ab jetzt auch in diesem Praktikum benutzt werden. Wenn im folgenden also von „Beschleunigung $b_n(N)$" gesprochen wird, ist stets die „relative Beschleunigung $rb_n(N)$"

gemeint; ebenso wird ab sofort unter „Effizienz“ die aus der relativen Beschleunigung berechnete „relative Effizienz“ verstanden. Kann es zu keinen Verwechslungen bezüglich der Problemgröße kommen, wird der Index n auch weggelassen.

3.1.3 Welche Beschleunigung ist erreichbar?

Bisher wurde stillschweigend davon ausgegangen, daß mit N Prozessoren eine Beschleunigung von ebenfalls N erreichbar ist. Trägt man jedoch die gemessenen Werte von $b(N)$ eines konkreten Algorithmus graphisch über N auf, so können sich je nach Algorithmus und dessen Implementierung recht unterschiedliche Verläufe ergeben. In der Praxis ist die Einteilung der parallelen Algorithmen anhand der erreichten Beschleunigung in drei Klassen üblich, die abkürzend mit „gut“, „realistisch“ und „anomal“ bezeichnet werden:

Gut: Die Beschleunigung $b(N)$ wächst proportional mit der Prozessorenanzahl N. Im allgemeinen wird sich $b(N) < N$ ergeben, da die vom parallelen Algorithmus zu leistende Mehrarbeit (engl. *Overhead*) in Form von Kommunikation, Synchronisation, Datenverteilung oder möglicher Mehrarbeit im Algorithmus in der Praxis nicht zu vernachlässigen ist. Der Graph der Beschleunigung stellt in diesem „guten“ Fall eine Gerade mit einer mehr oder weniger starken Steigung dar.

Realistisch: In diesem Fall wächst die Beschleunigung weniger stark als linear. Dieser Fall tritt in der Praxis häufig auf: Zunächst steigt die Beschleunigungskurve linear an, wächst dann aber mit zunehmendem N immer weniger und kann schließlich sogar rückläufig werden. Dieses Verhalten ist oftmals dadurch begründet, daß mit wachsendem N die einzelnen Prozessoren nicht mehr genügend ausgelastet sind, und der Overhead des parallelen Algorithmus dadurch den eigentlichen Rechenaufwand überwiegt.

Anomal: Die Beschleunigung wächst stärker als linear ($b(N) \geq c \cdot N^{1+\epsilon}$; $c, \epsilon > 0$). Dieser auf den ersten Blick ideale Umstand, der auch als *superlinearer Speedup* oder als *Speedup-Anomalie* bezeichnet wird, kann aber trügerisch sein (vgl. Abschn. 3.3.4) und sollte im Einzelfall näher untersucht werden.

Das bisher erworbene Wissen über die Bewertung paralleler Algorithmen soll nun am konkreten Beispiel zweier Sortieralgorithmen angewendet werden. Beim Entwurf und der Implementierung der Algorithmen werden also eine hohe Beschleunigung gegenüber einem sequentiellen Verfahren und nach Möglichkeit auch eine hohe Effizienz angestrebt. Dieses Ziel sollte man bei den folgenden Aufgaben immer im Auge behalten. Andererseits sollte man sich nicht dazu verführen lassen, mit allen erdenklichen Programmiertricks wirklich „das Letzte“ aus den Programmen herauszuholen. Eine übersichtliche, saubere Programmierung läßt sich auch mit der Entwicklung „guter paralleler“ Algorithmen vereinbaren.

3.2 Odd-Even-Transposition-Sort

Als Gegenstand des Sortierens werden in diesem Kapitel Elemente der Menge der ganzen Zahlen bzw. deren Abbild im Rechner dienen. Die Aufgabe des Sortierens besteht dann darin, eine endliche, nicht leere Folge von Zahlen entsprechend der üblichen linearen Ordnung aufsteigend anzuordnen.

Eine ausführliche Beschreibung der hier vorgestellten Algorithmen sowie eine Vielzahl anderer paralleler Sortierverfahren ist in [Akl85] zu finden.

3.2.1 Die Theorie und der Algorithmus

Beim Odd-Even-Transposition-Sort- (oder kurz Odd-Even-)Algorithmus handelt es sich um ein paralleles Sortierverfahren, das ursprünglich für streng synchron arbeitende Prozessoren entwickelt wurde. Es setzt voraus, daß genauso viele Prozessoren wie zu sortierende Elemente vorhanden sind.

Sei die zu sortierende Eingabefolge $S = \{x_1, x_2, \ldots, x_n\}$ gegeben, deren Elemente in den Prozessoren $P_1, P_2, \ldots, P_n$ gespeichert werden, und bezeichne y_i jeweils das aktuell im Prozessor P_i $(1 \leq i \leq n)$ gespeicherte Element, so funktioniert der Odd-Even-Algorithmus folgendermaßen:

1. In einem ungeraden Schritt werden alle Prozessoren P_i $(1 \leq i < n)$ mit *ungeradem* Index aktiviert. Sie vergleichen ihr eigenes Element y_i mit dem des Prozessors P_{i+1}. Falls $y_i > y_{i+1}$ ist, vertauschen die Prozessoren ihre Elemente, andernfalls bleiben die Elemente an ihren Plätzen.

2. Im folgenden geraden Schritt werden alle Prozessoren P_j $(1 < j < n)$ mit *geradem* Index aktiviert, und sie vergleichen ihr eigenes Element y_j mit dem des Prozessors P_{j+1}. Falls $y_j > y_{j+1}$ ist, tauschen die Prozessoren wieder ihre Elemente aus, im anderen Fall ändert sich nichts.

3. Die beiden vorigen „Vergleichs-Austausch“-Schritte werden abwechselnd insgesamt n-mal durchgeführt.

Man kann zeigen, daß jede Eingabe von n Zahlen unter Verwendung von n Prozessoren nach n Schritten des Algorithmus sortiert ist, d. h. Prozessor P_i ($1 \leq i \leq n$) die i-kleinste Zahl der Eingabefolge enthält (vgl. z. B. [Akl85]).

Der Ablauf des Odd-Even-Algorithmus ist für eine Eingabe der Länge $n = 6$ in Abbildung 3.1 dargestellt; man beachte dort auch, daß die Prozessoren P_1 und P_n ihren Wert nicht verändern, wenn sie an keinem Austauschschritt beteiligt sind.

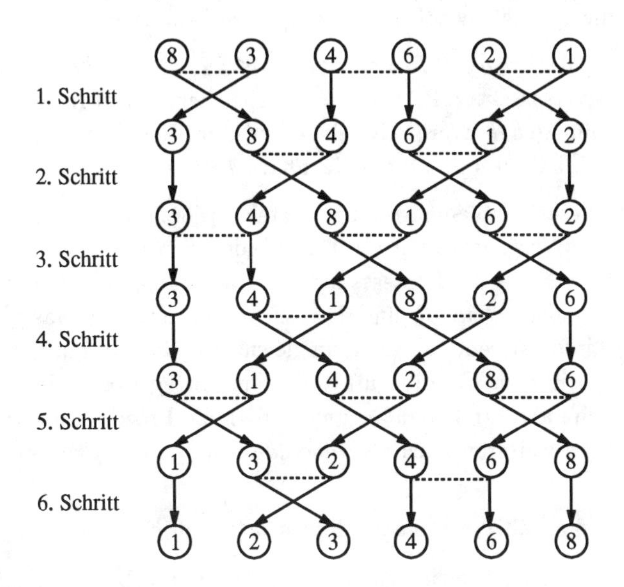

Abbildung 3.1: Odd-Even-Sortierung der Zahlenfolge $\{8, 3, 4, 6, 2, 1\}$

3.2.2 Implementierung

Es gibt sicherlich verschiedene Ansätze, den Odd-Even-Transposition-Sort-Algorithmus auf Transputern zu programmieren; die hier vorgestellte Möglichkeit orientiert sich an Abbildung 3.2:

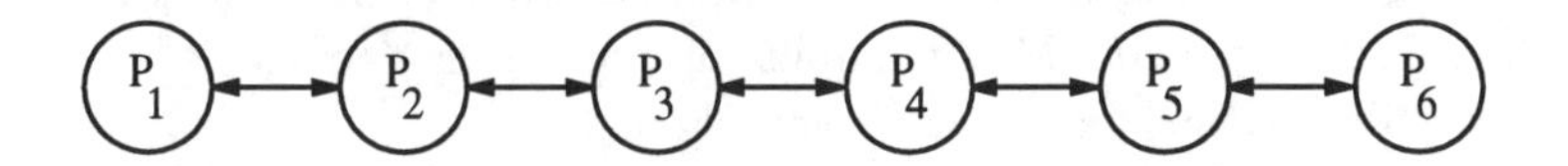

Abbildung 3.2: Zu einer Kette verschaltete Prozesse

Es wird eine Kette von n Prozessen – numeriert von 1 bis n – gebildet, in der zwei benachbarte Prozesse jeweils bidirektional miteinander kommunizieren können. Jeder Prozeß enthält zu Beginn des Sortiervorganges eine Zahl der Eingabefolge (*wie* er seine Zahl bekommt, wird zunächst außer acht gelassen).

Aufgrund des Verbotes, in nebenläufigen Prozessen gemeinsame Variablen zu benutzen, darf jeder Sortierprozeß nur auf sein eigenes Datenelement zugreifen. Zur Durchführung eines Vergleichs-Austausch-Schrittes müssen sich benachbarte Prozesse daher ihre Daten zuschicken, dann lokal einen Vergleich durchführen und anschließend die verglichenen Daten den entsprechenden Prozessen zuordnen.

Wollen konkret die Prozesse P_i und P_{i+1} $(1 \leq i < n)$ ihre Elemente miteinander vergleichen, so verschickt z. B. P_{i+1} sein gespeichertes Datum an P_i, dieser vergleicht den empfangenen Wert mit seinem eigenen, behält das Minimum für sich und sendet das Maximum an seinen Nachbarn zurück.

Ein Nachteil dieser Implementierung besteht jedoch darin, daß während der Durchführung des Vergleiches nur einer der beiden Prozesse aktiv ist, und somit im Verlauf des Algorithmus die Prozesse nur zur Hälfte ausgelastet sind. Dieser Nachteil läßt sich beheben, wenn P_i und P_{i+1} sich zunächst über das aktuelle Datum ihres Nachbarn informieren, und sie dann gleichzeitig das Minimum resp. Maximum beider Werte bestimmen. Damit läuft auf jedem Sortierprozeß ein Programm nach folgendem Schema ab (zur Vereinfachung werden die Prozesse mit ungeradem bzw. geradem Index im weiteren auch als *ungerade* resp. *gerade Prozesse* bezeichnet):

- Jeder Prozeß erhält ein Element der unsortierten Eingabe.
- Die nächsten beiden Schritte werden abwechselnd insgesamt n-mal wiederholt:
  - Jeder ungerade Prozeß und dessen rechter Nachbar senden sich gegenseitig ihr aktuelles Datenelement zu. Danach bilden die ungeraden Prozesse das Minimum aus dem eigenen und dem vom Nachbarn empfangenen Wert und übernehmen es als ihr neues Datum. Gleichzeitig bestimmen die geraden Prozesse das Maximum und speichern dieses.
  - Im nächsten Schritt vertauschen die geraden und ungeraden Prozesse ihre Rollen, so daß die geraden Prozesse mit ihrem rechten Nachbarn kommunizieren und anschließend das Minimum bestimmen, während jetzt die ungeraden Prozesse eine Maximumbildung aus ihrem eigenen Datum und dem ihres linken Nachbarprozesses vornehmen.
- Randprozesse, die nicht über den geforderten rechten oder linken Nachbarn verfügen, sind an dem betreffenden Austauschschritt nicht beteiligt und behalten ihren gespeicherten Wert bei.
- Zum Schluß liegen die Zahlen in sortierter Reihenfolge in den Prozessen vor.

Für jeden Prozeß ergibt sich damit eine strenge Arbeitsabfolge. Jeder Schritt erfordert eine Kommunikation und erzwingt – weil Nachrichtenaustausch nach dem Rendezvous-Prinzip vorausgesetzt wurde – automatisch eine Synchronisation mit dem Nachbarn. Der Algorithmus funktioniert daher auch, wenn man auf die ursprünglich in jedem Schritt explizit vorgenommene Aktivierung der geraden bzw. ungeraden Prozesse und die damit verbundene Synchronisation verzichtet. Durch den Versand und Empfang der Daten arbeitet der Algorithmus quasi „selbstsynchronisierend".

3.2.3 Grundstruktur des Programms

Dieser Abschnitt soll dazu dienen, möglichst rasch das angestrebte Sortierprogramm in Occam zu entwickeln. Wer denkt, seine eigenen Ideen schneller verwirklichen zu können oder wer sich mit den folgenden Vorschlägen nicht anfreunden kann, sollte sofort mit dem Aufgabenteil fortfahren.

Grundsätzlich sieht unser Programm vor:

- Einen Hostprozeß (`Host`), der mit dem ersten Prozeß der Kette aus Abbildung 3.2 kommuniziert und am Anfang die zu sortierenden Daten verschickt sowie abschließend die sortierten Zahlen wieder einsammelt. Außerdem soll der Hostprozeß über je einen Tastatur- und Bildschirmkanal mit der Außenwelt kommunizieren können.
- Eine Kette von n Sortierprozessen (`Sorter`), die nach links und nach rechts mit je einem Nachbarprozeß bidirektional kommunizieren. Der erste Prozeß ist nach links mit dem Host verbunden, der letzte nur nach links mit einem Sortierprozeß. Jeder Sortierer speichert genau ein Element des unsortierten Eingabefeldes.

Bei der Programmkonzeption sollte von vornherein auf die äußere Form des Programmes und insbesondere der Prozeduren und der verwendeten Protokolle und Kanäle geachtet werden. Jeder Sortierprozeß benutzt insgesamt vier Kanäle, über die er mit seinen Nachbarn kommuniziert, je zwei Kanäle für die Kommunikation nach links und nach rechts. Hier bietet es sich an, diese Kanäle mit

```
link.left.in          link.right.in
link.left.out         link.right.out
```

entsprechend ihrer Funktion und Position zu benennen. Das gleiche gilt für den Hostprozeß, wobei dieser nur nach rechts kommuniziert.

Die Prozedurköpfe können dann wie folgt aussehen:

```
PROC Host (CHAN OF INT keyboard, CHAN OF ANY screen,
           CHAN OF odd.even link.right.in, link.right.out)

PROC Sorter (VAL INT process.id,
             CHAN OF odd.even link.left.out, link.right.in,
                              link.left.in,  link.right.out)
```

Anhand des Parameters `process.id` kann sich jeder Prozeß innerhalb der Kette identifizieren und insbesondere feststellen, ob er einen „geraden“ oder „ungeraden“ Prozeß darstellt.

Damit das Programm später leichter auf mehrere Prozessoren verteilt werden kann, sollte das eigentliche Hauptprogramm wie im Beispielprogramm 3.1 nur aus den Aufrufen der vorher definierten Prozeduren bestehen.

```
-- Odd-Even-Transposition-Sort.
--
-- Beschreibung der Prozesse Host und Sorter
...  PROC Host (keyboard, screen, ...)
...  PROC Sorter (...)

-- Deklaration der verwendeten Kanaele
[number.of.processes + 1] CHAN OF odd.even chan.to.host,
                                           chan.to.sorter:

-- Starten der nebenlaeufig ablaufenden Prozesse
PAR
  Host (keyboard, screen,
        chan.to.host [0], chan.to.sorter [0])
  PAR i = 1 FOR number.of.processes
    Sorter (i, chan.to.host [i-1],   chan.to.host [i],
               chan.to.sorter [i-1], chan.to.sorter [i])
```

Programm 3.1: Aufruf der Prozesse im Odd-Even-Transposition-Sort

Das Feld der Kanäle `chan.to.host` wickelt in dem Beispiel die Kommunikation zwischen den Sortierprozessen in der Richtung von „rechts nach links“, also in Richtung zum Hostprozeß, ab. Entsprechend verläuft die Kommunikation über die Kanäle `chan.to.sorter` vom Host weg in Richtung der Sortierprozesse.

Es stellt sich jetzt noch die Frage, wie das Protokoll `odd.even` zu formulieren ist. Da zwischen den Prozessen nur einzelne Zahlenwerte übertragen werden müssen, reicht ein Protokoll der Form

```
PROTOCOL odd.even IS INT:
```

für das erste Sortierprogramm aus.

3.2.4 Aufgaben

1. Schreiben Sie ein Occam-Programm, das auf *einem* Transputer den Algorithmus Odd-Even-Transposition-Sort implementiert. Gestalten Sie Ihr Programm modular, damit Sie es später leichter auf mehrere Transputer portieren können! Zur Erzeugung von Pseudozufallszahlen können Sie die Prozedur `generate.int.vector` aus der Bibliothek `procs` (vgl. Anh. A.3) benutzen.

2. Modifizieren Sie Ihr Programm, so daß es auf einem Netzwerk mit einer beliebigen Anzahl von Transputern ablauffähig wird. Global benutzte Protokolle und Konstanten können Sie in einer eigenen Bibliothek ablegen (Ihr Betreuer zeigt Ihnen, wie Sie eine solche anlegen). Durch die Prozedur `generate.int.vector` können Sie sich auch auf- oder absteigend sortierte Eingabewerte erzeugen lassen. Testen Sie Ihr Programm damit ausführlich. Sehen Sie in Ihrem Programm insbesondere eine Prozedur vor, die überprüft, ob die Elemente am Schluß auch wirklich sortiert sind (hierzu bietet sich die Verwendung des replizierten `IF`-Konstruktes an)!

3. Welche Struktur der Eingabedaten stellt den Worst-case-Fall dar, d. h. erfordert wirklich alle n Schritte des Algorithmus? Funktioniert Ihr Programm auch in diesem Fall?

***4.** Nehmen Sie nun an, daß der erste und der letzte Prozeß untereinander auch einen Vergleichs-Austausch-Schritt vollziehen können; d. h. die Kette, in der die Prozesse miteinander kommunizieren, wird zu einem Ring geschlossen. Modifizieren Sie den Odd-Even-Algorithmus, so daß er diese neue Kommunikationsmöglichkeit nutzt. Wieviele Schritte benötigt dieser modifizierte Algorithmus? Versuchen Sie, Ihre Aussage zu beweisen. Implementieren Sie den modifizierten Algorithmus.

***5.** Überlegen Sie sich geeignete Maßnahmen, um eine Messung der Rechenzeit Ihres Programmes durchzuführen. Realisieren Sie Ihre Überlegungen, und führen Sie einige Zeitmessungen durch.

3.3 Merge-Splitting-Sort

Der Merge-Splitting-Sort-Algorithmus stellt eine Verallgemeinerung des Odd-Even-Transposition-Sort dar. Es ist daher möglich, das in den vorigen Aufgaben entwickelte Programm in seiner Konzeption zu übernehmen.

3.3.1 Die Theorie

Der Merge-Splitting-Sort-Algorithmus geht davon aus, daß die Einzelprozessoren wesentlich komplexere Aufgaben lösen können und über mehr Arbeitsspeicher verfügen, als es beim Odd-Even-Algorithmus notwendig ist. Ein Prozessor speichert jetzt nicht mehr ein *Element* der unsortierten Eingabe, sondern ein ganzes *Teilfeld*. Ist p die Anzahl der Prozessoren und n die Anzahl der zu sortierenden Elemente, so nimmt jeder Prozessor ein Teilfeld der Länge $\frac{n}{p}$ auf (im folgenden wird stillschweigend davon ausgegangen, daß n ein Vielfaches von p ist – diese Voraussetzung läßt sich immer durch Auffüllen des Zahlenfeldes mit „Dummy"-Elementen herstellen). Der Algorithmus funktioniert nun folgendermaßen:

1. In einer Vorstufe werden die Teilfelder eines jeden Prozessors von diesem sequentiell sortiert.

2. In einem *ungeraden* Schritt sind alle Prozessoren P_i $(1 \leq i < p)$ mit *ungeradem* Index aktiv. Sie mischen ihr eigenes Teilfeld elementweise mit dem des Nachbarn P_{i+1}, so daß eine sortierte Liste der Länge $2 \cdot \frac{n}{p}$ entsteht („Merge"-Stufe). Diese Liste wird mittig geteilt, wobei der untere Teil – d. h. die ersten $\frac{n}{p}$ Elemente – dem Prozessor P_i und der obere Teil dem Nachbarn P_{i+1} zugeordnet wird („Split"-Stufe).

3. Im folgenden geraden Schritt werden alle Prozessoren mit *geradem* Index aktiv und führen die „Merge"- und dann die „Split"-Operation in Verbindung mit ihrem rechten Nachbarn aus.

4. Die Schritte 2 und 3 werden abwechselnd insgesamt p-mal durchgeführt.

Anschließend sind die Elemente global sortiert, d. h. einerseits liegen die Elemente jedes Prozessors sortiert vor und andererseits sind alle Elemente des Prozessors P_i nicht größer als die des Prozessors P_{i+1} für $1 \leq i < p$.

Der Ablauf des Algorithmus ist für eine Eingabe der Länge $n = 12$ und $p = 4$ Prozessoren in Abbildung 3.3 dargestellt.

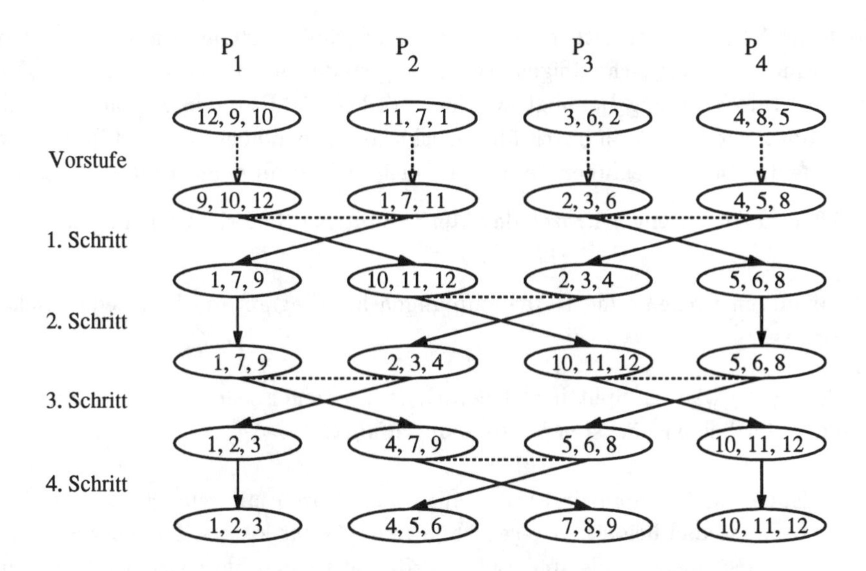

Abbildung 3.3: Merge-Splitting-Sort von $\{12, 9, 10, 11, 7, 1, 3, 6, 2, 4, 8, 5\}$

Der Merge-Splitting-Sort-Algorithmus lastet zum einen jeden Transputer wesentlich besser aus als der Odd-Even-Transposition-Sort-Algorithmus, zum anderen lassen sich nun mit einer vorgegebenen Prozessorenanzahl Felder beliebiger Größe sortieren – soweit sie im vorhandenen Speicher untergebracht werden können.

3.3.2 Das Programm

Da Merge-Splitting-Sort und Odd-Even-Transposition-Sort sich sehr ähnlich sind, kann die Struktur des vorigen Programmes fast unverändert übernommen werden; es ändert sich im wesentlichen nur das Übertragungsprotokoll, und ein paar Programmteile müssen ergänzt werden. Bei den anschließenden Aufgaben bauen Sie also am einfachsten auf einer lauffähigen Version Ihres Odd-Even-Transposition-Sort-Programmes auf.

Die Prozesse des Merge-Splitting-Sort-Algorithmus verschicken jetzt ganze Datenfelder über die Kanäle. Deshalb empfehlen sich Deklarationen der folgenden Art:

```
VAL local.number.of.elements IS total.number.of.elements /
                                number.of.processes :

PROTOCOL merge.split IS [local.number.of.elements] INT:
```

Neben dem Einbau eines sequentiellen Sortiervorganges ist in jedem Prozeß der

Vergleichs-Austausch-Schritt durch eine Merge-Splitting-Operation zu ersetzen. Aus Gründen einer gleichmäßigen Auslastung sollten auch hier wieder beide Prozesse am Mischvorgang beteiligt werden. Wollen die Prozesse P_i und P_{i+1} eine Merge-Splitting-Operation durchführen, schicken sie einander zunächst ihre sortierten Teilfelder zu und beginnen dann beide gleichzeitig mit dem Zusammenmischen.

Die Ablauffolge für einen Prozeß des Merge-Splitting-Sort sieht wie folgt aus:

- Sobald ein Prozeß seine Daten empfangen hat, beginnt er, diese sequentiell zu sortieren.
- Es folgen p „Merge-Splitting"-Operationen, in denen jeder Prozeß abwechselnd einen der beiden nächsten Schritte durchführt:
  - Zunächst kommuniziert jeder ungerade Prozeß mit seinem rechten Nachbarn, so daß beide Prozesse sich gegenseitig ihr lokales Teilfeld zuschicken. Danach mischen die ungeraden Prozesse solange ihre eigenen Daten mit den vom Nachbarn erhaltenen zusammen, bis sie die $\frac{n}{p}$ kleinsten Elemente beider Listen bestimmt haben und diese als ihr neues Teilfeld übernehmen. Parallel dazu mischen die geraden Prozesse die ihnen vorliegenden Listen, so daß sie die größten $\frac{n}{p}$ Elemente in ihre lokale Liste aufnehmen (Vorsicht: Bei dieser Art zu mischen dürfen keine Elemente verloren gehen).
  - Im nachfolgenden geraden Schritt werden die eben beschriebenen Aktionen von geraden und ungeraden Prozessen vertauscht.
- Für den ersten und letzten Prozeß der Kette gelten entsprechend modifizierte Merge-Splitting-Schritte.
- Zum Schluß sendet jeder Prozeß sein Teilfeld in Richtung zum Hostprozeß zurück.

3.3.3 Aufgaben

6. Modifizieren Sie Ihr Odd-Even-Transposition-Sort-Programm zu einem Merge-Splitting-Sort. Testen Sie Ihr Programm zunächst auf *einem* Transputer, und erweitern Sie es anschließend für ein Netzwerk von Transputern. Verwenden Sie für den sequentiellen Sortierteil einen Quicksort-Algorithmus. Implementieren Sie diesen entweder selbst, oder benutzen Sie die Prozedur `quicksort` aus der Bibliothek `procs`. Lassen Sie auch weiterhin überprüfen, ob die an den Host zurückgelieferten Daten wirklich sortiert sind!

7. Erweitern Sie Ihr Programm um eine Zeitmessung; überlegen Sie sich insbesondere, welche Zeitpunkte Sie als Start bzw. Ende Ihres Algorithmus ansehen!

8. Untersuchen Sie das adaptive Verhalten Ihrer Implementierung des Merge-Splitting-Sort-Algorithmus. Messen Sie dazu die Zeit, die Ihr Programm zum Sortieren eines Datensatzes mit z. B. $n = 50.000$, $n = 100.000$ oder $n = 200.000$ Zahlen auf unterschiedlich vielen Prozessoren benötigt. Berechnen Sie anschließend die Beschleunigung b_n und die Effizienz e_n, und tragen Sie diese graphisch über der Anzahl verwendeter Prozessoren auf.

9. Um die in Aufgabe 8 gewonnenen Ergebnisse richtig einschätzen zu können, ist es sinnvoll, die Zeitanteile der einzelnen Phasen des Algorithmus gegenüberzustellen.

a) Bestimmen Sie daher jetzt für eine feste Eingabeanzahl n die folgenden Zeitanteile t_1, t_2 und t_3 (kommentieren Sie z. B. die für die jeweilige Messung nicht benötigten Programmteile einfach aus):

- Die Zeit zum Laden der unsortierten Eingabedaten vom Host ins Netz und zum Entladen der sortierten Elemente (t_1),
- die Zeit t_1 plus die Zeit für das Ausführen der Merge-Splitting-Operationen (t_2) und
- die Zeit t_2 plus die Zeit für das sequentielle Sortieren der Teilfelder (t_3) – also die Gesamtlaufzeit des Algorithmus.

b) Tragen Sie die Werte t_1, t_2 und t_3 in *einem* Diagramm über der Anzahl Prozessoren auf, und interpretieren Sie Ihre Werte.

c) Wie groß ist der Anteil des Ladens/Entladens t_1 an der Gesamtzeit?

d) Ab wieviel Prozessoren ist der Anteil des sequentiellen Sortierens (Differenz der Kurven t_3 und t_2) gegenüber der Kommunikation t_1 oder dem Mischen t_2 zu vernachlässigen?

e) Berechnen Sie anhand der Werte von t_1 die von Ihrem Programm erreichte Übertragungsrate. Stimmt dieser Wert mit der von der Hardware maximal erreichbaren Kommunikationsgeschwindigkeit über die Links überein?[1]

f) Falls nein, ändern Sie Ihr Programm dahingehend, daß Sie bei der Datenverteilung die Eigenschaft des Transputers ausnutzen, parallel über mehrere Links Daten übertragen zu können, indem Sie während der Weitergabe eines Datensatzes nach „rechts“ schon den nächsten von „links“ einlesen.

[1] Dieser Wert kann je nach Aufbau Ihres Transputersystems unterschiedlich sein und im Einzelfall deutlich von den im Datenbuch [INM89b] angegebenen maximal erreichbaren 20 MBit/s abweichen.

Wiederholen Sie die Teilaufgaben a) bis e). Stoßen Sie mit Ihrer Kommunikationsrate jetzt an die Grenzen der Hardware?

***10.** Bauen Sie mit Hilfe zusätzlicher Prozessoren und unter Ausnutzung der nicht benutzten Links der bisherigen Transputer ein baumartiges Netzwerk zum schnelleren Verteilen und Auslesen der Daten auf. Verbessert diese Maßnahme das Laufzeitverhalten Ihres Programmes? Erklären Sie die gemachten Beobachtungen.

11. Ist Ihrer Erfahrung nach ein Transputernetzwerk für Sortieraufgaben sinnvoll einsetzbar? In welchen Punkten wirken sich Eigenschaften der Hardware oder des Algorithmus in Ihrem Programm aus? Erscheint Ihnen der implementierte Algorithmus geeignet? Begründen Sie Ihre Aussagen!

3.3.4 Ein Beispiel für superlinearen Speedup?

In diesem Abschnitt wird der Merge-Splitting-Sort-Algorithmus durch eine kleine Änderung so modifiziert, daß er anomales Beschleunigungsverhalten (vgl. Abschn. 3.1.3) zeigt. An diesem Beispiel soll verdeutlicht werden, daß das Vorliegen eines superlinearen Speedups allein noch nichts über die Qualität des Algorithmus aussagt.

Aufgaben

12. Implementieren Sie „Bubblesort" für den sequentiellen Sortierteil Ihres Merge-Splitting-Sort-Programmes (oder benutzen Sie die Prozedur `bubblesort` aus der Bibliothek `procs`), und führen Sie ebenfalls die Zeitmessungen, wie in Aufgabe 8 beschrieben, durch. Welche Beschleunigungskurve ergibt sich für dieses Programm?

13. Versuchen Sie, das Laufzeitverhalten des Algorithmus sowohl unter Verwendung von Quicksort als auch von Bubblesort mathematisch abzuschätzen. Geben Sie dabei getrennte Ausdrücke für die Anteile des Ladens und Entladens der Daten, des Mischens und des sequentiellen Sortierens der Teilfelder an. Erklären Sie mit Hilfe dieser Beziehungen die Beobachtungen der vorigen Aufgabe.

Diskussion der Ergebnisse

Anhand der Ergebnisse der Aufgaben 8 und 12 haben Sie (hoffentlich) festgestellt, daß der Merge-Splitting-Sort-Algorithmus deutlich unterschiedliches Verhalten zeigt, je nachdem, ob er mit Bubblesort oder mit Quicksort für den sequentiellen Sortierteil ausgeführt wurde.

Durch das „hervorragende" Beschleunigungsverhalten der Bubblesort-Variante sollte man sich aber nicht täuschen lassen; legt man beim Vergleich der Algorithmen statt der Beschleunigung die absoluten Laufzeiten beider Programm-Varianten zugrunde, so wird man sich in der Praxis ohne Zögern für die vermeintlich schlechtere Quicksort-Version entscheiden; der Vergleich von Speedup-Verläufen ohne genaue Analyse der Hintergründe kann also irreführend sein!

Eine letzte Modifikation

Anhand der theoretischen Aufwandsabschätzungen aus Aufgabe 13 kann man sich überlegen, daß die nebenläufige Ausführung von zwei oder mehr Bubblesort-Prozessen auf *demselben* Prozessor gegenüber einem einzelnen Prozeß sogar noch einen Zeitgewinn erbringen kann, sofern die interne Kommunikation und die Prozeßumschaltzeiten vernachlässigt werden können.

Diese Beobachtung kann nun benutzt werden, um aus dem „anomalen" Sortierprogramm aus Aufgabe 12 eine interessante Variante abzuleiten, die immer noch superlinearen Speedup zeigt, aber deutlich geringere Ausführungszeiten aufweist: In einem Merge-Splitting-Algorithmus mit $2p$ zu einer Kette verschalteten Sortierprozessen werden benachbarte Prozesse paarweise zusammengefaßt und jedes Paar genau einem von p hintereinandergeschalteten Prozessoren zugeordnet (vgl. Abb. 3.4). Durch diese Modifikation erhält man einen neuen Algorithmus, der wiederum p Prozessoren einsetzt und dabei die Abarbeitung des ursprünglichen Algorithmus mit $2p$ Prozessoren simuliert.

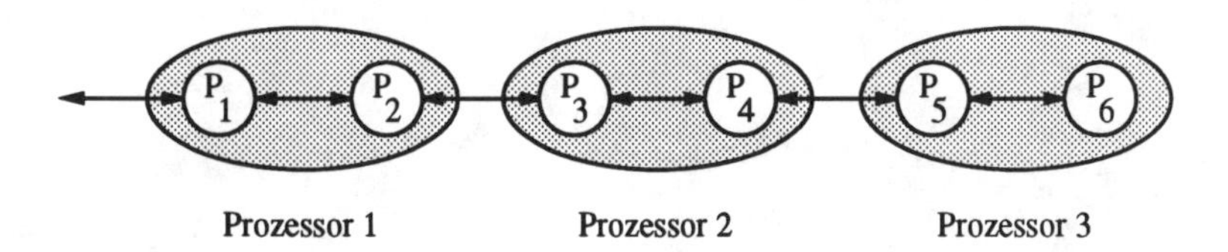

Abbildung 3.4: Anordnung zur Simulation von 6 Prozessen auf 3 Prozessoren

Aufgaben

14. Modifizieren Sie Ihr Merge-Splitting-Sort-Programm, indem Sie, wie oben beschrieben, auf einem Prozessor zwei Sortierprozesse nebenläufig ablaufen lassen (vgl. Abb. 3.4). Führen Sie Zeitmessungen mit Bubblesort für den sequentiellen Sortierteil durch, und vergleichen Sie die Zeiten mit denen aus Aufgabe 12.

15. Schätzen Sie das Laufzeitverhalten der Variante aus Aufgabe 14 durch einen mathematischen Ausdruck ab. Stimmt Ihre Theorie mit der Praxis überein? Warum bringt diese Modifikation bei einer entsprechenden Quicksort-Variante keinen Vorteil?

***16.** Implementieren Sie nun weitere Varianten des Algorithmus, indem Sie drei, vier und mehr Prozesse auf einem Prozessor zusammenfassen, bis dieses Vorgehen zu keiner Verbesserung der Laufzeit mehr führt. Wie sieht die abschließende Beschleunigungskurve aus?

4 Parallele Matrizenmultiplikation

Die Sortieralgorithmen des 3. Kapitels legen nur eine einfache eindimensionale Verbindungsstruktur der Prozessoren zugrunde. Jetzt werden dagegen parallele Algorithmen zur Multiplikation von Matrizen betrachtet, die auf etwas komplizierteren Topologien agieren und damit auch etwas aufwendigere Kommunikations- und Synchronisationsschemata erfordern.

4.1 Ein systolischer Algorithmus

Der im folgenden beschriebene Algorithmus zur Matrizenmultiplikation ist ein Beispiel für einen *systolischen Algorithmus*. Systolische Algorithmen bestehen in der Regel aus einer endlichen Anzahl regelmäßig angeordneter, identischer Prozesse, durch die ein Datenstrom fließt. Sind die Prozesse matrixförmig angeordnet, so spricht man oft auch von *systolischen Arrays*. Der Begriff „systolisch" rührt daher, daß, in Analogie zum Herz-Blutkreislauf in einem Organismus,[1] ein Prozeß im ersten Schritt Daten anzieht, diese im nächsten Schritt verarbeitet und die bearbeiteten Daten schließlich an den nächsten Prozeß weitergibt. Zu beachten ist, daß der Datenfluß im allgemeinen nur in *einer* Richtung erfolgt, zwei benachbarte Prozesse also nicht bidirektional miteinander kommunizieren.

4.1.1 Der Grundalgorithmus

Bei der Implementierung des systolischen Algorithmus wollen wir uns auf die Multiplikation zweier quadratischer $m \times m$-Matrizen A und B beschränken. Für den Algorithmus wird damit im einfachsten Fall ein quadratisches Feld von gitterförmig verbundenen Prozessen benutzt. Jeder Prozeß $P_{i,j}$ $(1 \leq i, j \leq m)$ berechnet im Verlauf des Algorithmus das Element $c_{i,j}$ der Ergebnismatrix C. Benennt man die Kanäle eines Prozesses entsprechend den Himmelsrichtungen, so liest jeder Prozeß die benötigten Zeilen bzw. Spalten der Matrizen A und B elementweise aus Richtung Norden bzw. Westen ein und gibt sie nach Süden resp. Osten weiter. Der schematische Ablauf des Algorithmus ist in Abbildung 4.1 dargestellt.

[1] Systole ist die rhythmisch wechselnde Kontraktionsphase des Herzmuskels vom Beginn der Anspannungszeit bis zum Ende der Austreibungszeit (vgl. [Bib85]).

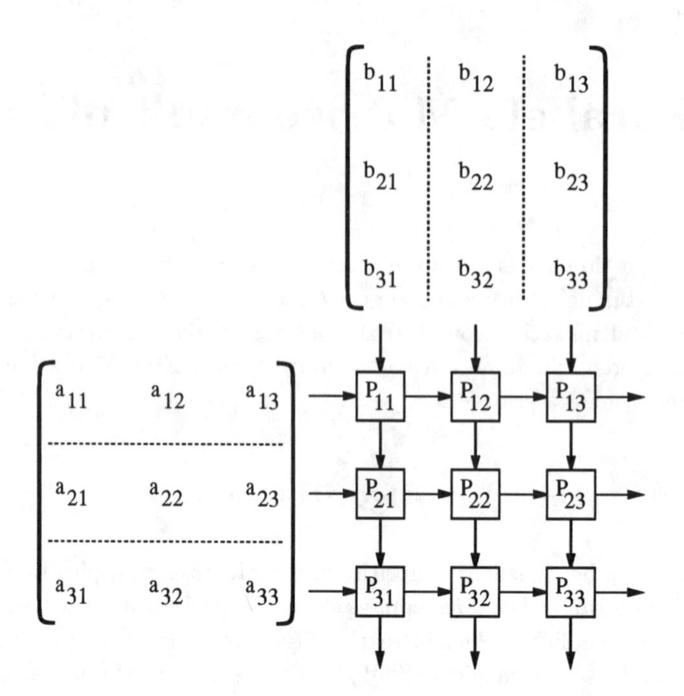

Abbildung 4.1: Prozeßmatrix (systolisches Array) zur Matrizenmultiplikation

Wie man sich leicht überlegt, erreichen jeden Prozeß im Verlauf des Algorithmus genau die Zeilen und Spalten, die er zur Berechnung seines Elementes der Ergebnismatrix benötigt.

Jeder Prozeß P_{ij} erhält also nacheinander Elementpaare a_{ik} und b_{kj}, multipliziert diese miteinander und gibt die erhaltenen Elemente unverändert an die benachbarten Prozesse weiter; die sukzessive berechneten Produkte $a_{ik} \cdot b_{kj}$ werden aufaddiert. Nach Ablauf dieses Algorithmus enthält der Prozeß P_{ij} das Element c_{ij} der gesuchten Matrix $C = A \cdot B$. Damit liegt die Ergebnismatrix verteilt in den Prozessen des systolischen Arrays vor und muß gegebenenfalls noch in geeigneter Weise ausgelesen werden. Der Algorithmus, der auf jedem systolischen Prozeß abläuft, ist in Programm 4.1 abgedruckt – die Elemente der Matrizen werden dort als Zahlen des Datentyps `REAL32` angenommen.

Für die Verarbeitung von $m \times m$-Matrizen werden somit m^2 solcher `Mult`-Prozesse benötigt und zur Kommunikation der Prozesse untereinander $2 \cdot (m \cdot (m+1))$ Kanäle. Beachten Sie an dem Beispiel auch, daß die Prozedur `Mult` mit ihrer Umgebung nur über ihre vier Kanäle kommunizieren kann und sonst keinerlei Informationen über die Größe des Prozeßfeldes oder ihre Position innerhalb des Arrays besitzt. Der

```
-- Ein Multiplizierprozess des systolischen Arrays.
--
PROC Mult (CHAN OF matrix.data North, South, West, East)
  ... PROC Reset (x)                -- x := 0
  ... PROC Mult.and.Add (c, a, b) -- c := c + (a * b)
  REAL32 a, b, c :                  -- a(i,k), b(k,j), c(i,j)
  SEQ
    Reset (c)
    WHILE "es gibt noch einzulesende Matrizenelemente"
      SEQ
        PAR
          ... West  ? a
          ... North ? b
        Mult.and.Add (c, a, b)
        PAR
          ... East  ! a
          ... South ! b
    ... Ergebnis c verschicken
:
```

Programm 4.1: Ein systolischer Prozeß zur Matrizenmultiplikation

Start und das Ende der Multiplikation sowie das Auslesen der Ergebniselemente sind daher über einen geeigneten Datenfluß zu steuern.[2]

Um die Multiplizierprozesse mit Daten zu versorgen, wird das Prozeßfeld noch um eine Infrastruktur aus horizontalen und vertikalen Prozessen h_i bzw. v_j erweitert, die die i-te Zeile der Matrix A resp. die j-te Spalte von B in das systolische Array einspeisen sollen; außerdem sollen die Prozesse h_i nach Abschluß der Multiplikation die i-te Zeile der Ergebnismatrix C einsammeln. Spendiert man zusätzlich noch einen Prozeß R zur Kommunikation mit dem Hostrechner, so ergibt sich die in Abbildung 4.2 angegebene Prozeßanordnung für unseren Multiplikationsalgorithmus.

4.1.2 Aufgaben

1. Machen Sie sich den Ablauf des Algorithmus an einem kleinen Beispiel, etwa der Multiplikation zweier 3×3-Matrizen, klar. Verdeutlichen Sie sich den zeit-

[2] Zum Aufbau einer Matrizen-Multipliziermaschine könnte die Prozedur `Mult` somit fest in Prozessoren eingebaut werden – z. B. durch Programmieren eines EPROMs –, die dann ohne Wissen ihrer konkreten Position zu beliebig großen Prozessorfeldern zusammengesetzt werden.

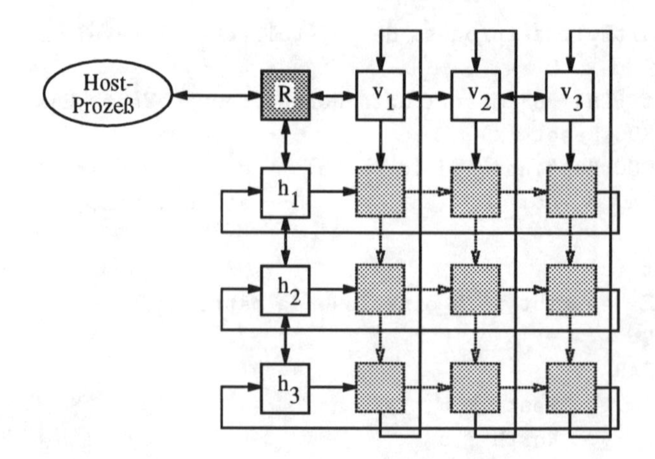

Abbildung 4.2: Prozeßmatrix mit Eingangsprozessen

lichen Ablauf des Algorithmus, indem Sie z. B. ein Zeitdiagramm anfertigen. In welcher Reihenfolge sind die Ergebnisse $c_{i,j}$ gültig und können ausgelesen werden?

2. Implementieren Sie nun den oben beschriebenen Algorithmus zur Multiplikation quadratischer Matrizen auf *einem* Transputer (die Elemente der Matrizen sollen vom Datentyp `REAL32` sein).

Beachten Sie dabei folgende Punkte:

a) Lesen Sie nach Abschluß des Algorithmus die Zeilen der Ergebnismatrix C in die Prozesse h_i ein, und überprüfen Sie dort auch die Resultate Ihrer Multiplikation. Um dieses zu vereinfachen, multiplizieren Sie zunächst Matrizen, die nach einem einfachen Konstruktionsschema aufgebaut sind und deren Ergebnisse leicht zu verifizieren sind, z. B. die folgenden:

$$\begin{pmatrix} 1 & 2 & 3 & 4 \\ 2 & 4 & 6 & 8 \\ 3 & 6 & 9 & 12 \\ 4 & 8 & 12 & 16 \end{pmatrix} \cdot \begin{pmatrix} 1 & 1 & 1 & 1 \\ 0 & 1 & 1 & 1 \\ 0 & 0 & 1 & 1 \\ 0 & 0 & 0 & 1 \end{pmatrix} = \begin{pmatrix} 1 & 3 & 6 & 10 \\ 2 & 6 & 12 & 20 \\ 3 & 9 & 18 & 30 \\ 4 & 12 & 24 & 40 \end{pmatrix}$$

b) Zur Vereinfachung können Sie annehmen, daß die Zeilen bzw. Spalten der zu multiplizierenden Matrizen A und B schon verteilt in den Prozessen h_i bzw. v_j zur Verfügung stehen. Erzeugen Sie also die i-te Zeile bzw. die j-te Spalte der Matrizen A und B aus Teilaufgabe a) direkt in den Prozessen

h_i resp. v_j.[3]

c) Achten Sie darauf, daß die Prozesse `Mult` des systolischen Arrays alle identisch sind und als Parameter nur die Kanäle zur Kommunikation mit ihrer Umgebung übergeben bekommen.

d) Gestalten Sie Ihr Programm modular!

3. Portieren Sie Ihr Programm auf ein Netzwerk von Transputern, das Sie analog zu Abbildung 4.2 verschalten.

***4.** Was müssen Sie am Algorithmus ändern, wenn nicht nur quadratische Matrizen, sondern allgemein Matrizen der Dimension $p \times m$ und $m \times q$ – das systolische Array hat damit die Größe $p \times q$ – multipliziert werden sollen? Modifizieren Sie Ihren Algorithmus entsprechend.

5. Bauen Sie eine geeignete Zeitmessung in Ihr Programm ein. Starten Sie den Multiplikationsalgorithmus durch ein Signal des Prozesses R, und lassen Sie ihm auch mitteilen, wann die Multiplikation beendet ist. Führen Sie einige Zeitmessungen durch.

6. Ermitteln Sie nun den Zeitbedarf für den Kommunikations- und den eigentlichen Rechenanteil Ihres Programmes. Führen Sie dazu stichprobenartig Zeitmessungen wie in Aufgabe 5 durch, wobei Sie innerhalb der Prozedur `Mult` die Prozeduraufrufe `Mult.and.Add` und `Reset` auskommentieren. Vergleichen Sie die beiden Zeitanteile!

4.2 Ein erweiterter Algorithmus

Das in Abschnitt 4.1.1 beschriebene Verfahren hat mindestens zwei Nachteile:

1. Bei der Implementierung auf einem Transputernetzwerk wird für jeden Prozeß ein eigener Transputer verwendet. Damit ist die Problemgröße von der Größe des Prozessorfeldes abhängig.

2. Die Prozessoren sind nicht ausgelastet, die Kommunikationszeit überwiegt die Rechenzeit. Daher sollte man sich bemühen, die *Granularität* des Algorithmus, d. h. die Größe der in jedem Prozessor zu bearbeitenden Aufgabe, zu erhöhen.

---

[3] Wie Sie sich leicht selbst überzeugen können, lauten die Bildungsgesetze für die vorgeschlagenen Matrizen A, B und C: $a_{i,j} = i \cdot j$, $b_{i,j} = 1$, falls $i \leq j$; 0 sonst und $c_{i,j} = i \cdot \sum_{k=1}^{j} k$.

4.2.1 Modifikation des Grundalgorithmus

Der Grundalgorithmus aus Abschnitt 4.1.1 soll nun so geändert werden, daß die Komponenten $a_{i,k}$, $b_{k,j}$ und $c_{i,j}$ nicht mehr als einzelne Elemente, sondern als komplette Teilmatrizen aufgefaßt werden.

Setzt man ein $p \times p$-Prozessorfeld voraus, nimmt an, daß die Seitenlänge m der zu multiplizierenden Matrizen ein Vielfaches von p ist ($m = p \cdot k$), und sieht weiterhin vor, daß die Matrizen A und B als $p \times p$-Matrizen vorliegen, deren Komponenten selbst wieder $k \times k$-Teilmatrizen darstellen, so können mit einem festen Prozessorfeld durch Variation von k zum einen quadratische Matrizen beliebiger Größe verarbeitet werden, und zum anderen wird die Auslastung jedes Prozessors erhöht, da er nun komplexere Aufgaben auszuführen hat.

Diese Modifikationen erfordern im Grundalgorithmus lediglich eine Anpassung der Prozeduren `Reset` und `Mult.and.Add` innerhalb des Prozesses `Mult` sowie eine Änderung der Übertragungsprotokolle.

Bezeichnet im Programm die Konstante `sub.dim` die Dimension der innerhalb der Prozesse zu verarbeitenden Teilmatrizen, so empfiehlt sich die Verwendung eines Protokolles der Art

```
PROTOCOL matrix.elem
  CASE
    data; [sub.dim][sub.dim] REAL32
    ... restliche Faelle
:
```

und dementsprechend ein Prozedurkopf der Prozedur `Mult.and.Add`

```
PROC Mult.and.Add ([sub.dim][sub.dim] REAL32 c,
                   VAL [sub.dim][sub.dim] REAL32 a, b)
  ... Rumpf
:
```

Zur Multiplikation der Teilmatrizen `a` und `b` innerhalb von `Mult.and.Add` kann ein herkömmlicher sequentieller Algorithmus verwendet werden.

4.2.2 Schnelle Initialisierung einer Matrix

Obige Modifikationen beeinflussen auch die Prozedur `Reset` des Grundalgorithmus. Deren Aufgabe ist es nun, die Elemente einer zweidimensionalen Matrix reeller Zahlen mit dem Wert 0.0 zu initialisieren. Im folgenden wird ein Verfahren vorgestellt, das von der Vektorzuweisung (Block move) des Transputers Gebrauch macht.

Die Vektorzuweisung

```
[50000] BYTE feld1, feld2:
[feld1 FROM 0 FOR 30000] := [feld2 FROM 0 FOR 30000]
```

wird z. B. in nur vier Maschinenbefehle übersetzt und kann auf einem Transputer sehr effizient ausgeführt werden:

```
ldl feld1
ldl feld2
ldc 30000
move
```

Mit diesem Wissen läßt sich nun eine Prozedur zur schnellen Initialisierung einer Matrix schreiben (vgl. Prog. 4.2). Im Gültigkeitsbereich der RETYPES-Anweisung wird die Datenstruktur der Eingabematrix als ein eindimensionales Feld aufgefaßt. Weist man dem ersten Element den gewünschten Wert zu, so können mit Hilfe der Vektorzuweisung nacheinander Teilstücke des Feldes mit der Länge eins, zwei, vier, acht usw. initialisiert werden. Für beliebig lange Felder bedarf die angegebene Prozedur noch einer kleinen Modifikation.

```
PROC Reset ([][] REAL32 matrix)
  VAL value IS 0.0 (REAL32):
  [] REAL32 array RETYPES matrix:
  INT dest:
  SEQ
    dest      := 1
    array [0] := value
    WHILE dest < (SIZE array)
      SEQ
        [array FROM dest FOR dest] := [array FROM 0 FOR dest]
        dest := dest TIMES 2
:
```

Programm 4.2: Schnelle Reset-Prozedur für Matrizen

4.2.3 Aufgaben

7. Implementieren Sie eine schnelle Version der Prozedur Reset zur Initialisierung beliebig großer zweidimensionaler Matrizen. Implementieren Sie auch eine „naive" Version mit repliziertem SEQ, und vergleichen Sie den Zeitbedarf beider Prozeduren.

8. Arbeiten Sie die Modifikation nach Abschnitt 4.2.1 in Ihr Programm ein, damit Sie beliebig große $m \times m$-Matrizen auf einem $p \times p$-Prozessorfeld multiplizieren können (m kann als ein Vielfaches von p angenommen werden). Wie in Aufgabe 2 erzeugen Sie auch hier die Matrizen A und B zunächst in den Prozessen h_i bzw. v_j und sammeln die Teile der Ergebnismatrix C in den Prozessen h_i ein.

***9.** Modifizieren Sie Ihr Programm, so daß allgemein ein $p \times q$-Prozessorfeld als systolisches Array benutzt werden kann. Wie ändert sich dadurch die Größe der zu verarbeitenden Teilmatrizen? Passen Sie Ihre Protokolle den veränderten Gegebenheiten an! Überprüfen Sie Ihren Algorithmus anhand geeigneter Matrizen.

10. Führen Sie Zeitmessungen mit unterschiedlich vielen Prozessoren und verschiedenen Matrizengrößen (z. B. Matrizen der Größe 100×100, 500×500 oder 700×700) durch, und tragen Sie die erzielte Beschleunigung sowie die Effizienz graphisch auf.

11. Bisher wurde davon ausgegangen, daß die zu multiplizierenden Matrizen verteilt im Netzwerk vorliegen. Diese Voraussetzung ist sicherlich nicht immer gegeben. Daher nehmen Sie nun an, daß die Matrizen A und B nicht mehr in den Prozessen h_i bzw. v_j produziert, sondern an zentraler Stelle bereitgestellt werden (z. B. im Prozeß `R` aus Abbildung 4.2). Ebenso sollte das Resultat C der Multiplikation an die zentrale Stelle zurückgeliefert werden (die Prozesse h_i und v_j können Sie weiterhin zur Kommunikation mit dem systolischen Array verwenden).

a) Erweitern Sie Ihr Programm um eine geeignete Datenverteilung von zentraler Stelle. Passen Sie auch die Messung der Rechenzeit entsprechend an. Führen Sie einige Zeitmessungen durch, und vergleichen Sie Ihre Ergebnisse mit den in Aufgabe 10 gewonnenen Werten.

b) Ermitteln Sie den Anteil der Kommunikation an der Gesamtlaufzeit Ihres Programmes.

***12.** Erweitern Sie Ihr Programm, so daß Sie auf einem systolischen Array allgemein das Produkt

$$P_n = \prod_{i=1}^{n} A_i$$

mehrerer Matrizen $A_1, \ldots, A_n$ ($n \geq 2$) berechnen können. Bilden Sie nacheinander die Teilprodukte P_k ($k = 2, 3, \ldots$), indem Sie das Ergebnis P_{k-1} der vorigen Multiplikation wieder von Westen in das Prozessorfeld einspeisen und den nächsten Faktor A_k von Norden kommend hinzumultiplizieren.

Machen Sie sich den Ablauf des Verfahrens zunächst auf dem Papier klar. Wie wird die Auslastung der Prozessoren im Vergleich zum bisherigen Verfahren sein? Führen Sie Zeitmessungen durch!

4.3 Was nützt die Parallelisierung?

Nachdem Sie nun mehrere parallele Algorithmen implementiert und die erzielten Beschleunigungen gemessen haben, sollen die gewonnenen Ergebnisse noch einmal vergleichend betrachtet werden.

Sie haben gesehen, daß sich sowohl die Sortieralgorithmen aus Kapitel 3 als auch die Verfahren zur Matrizenmultiplikation dieses Kapitels gut parallelisieren ließen. Gleichzeitig wurde deutlich, daß die Effizienz der implementierten parallelen Sortierverfahren nur bis zu einer gewissen Prozessorenanzahl genügend war, da bei mehr Prozessoren schließlich der nicht parallelisierbare Anteil des Ladens und Entladens der Daten in das Netzwerk überwog. Andererseits war bei der parallelen Matrizenmultiplikation die Effizienz des Algorithmus sehr viel besser, weil hier der Anteil der Kommunikation an der Gesamtausführungszeit des Algorithmus zu vernachlässigen war.

4.3.1 Amdahls Gesetz

Eine etwas allgemeinere Beobachtung des eben geschilderten Sachverhaltes wurde schon 1967 von Amdahl in [Amd67] formuliert und ist als *Amdahls Gesetz* bekannt geworden. Es besagt, daß ein paralleler Rechner gegenüber einem sequentiellen keine effektive Leistungssteigerung mehr erbringt, wenn die Prozessoren aufgrund mangelnder Parallelität des Algorithmus nicht ausgelastet werden können.

Bezeichnet s den sequentiellen, nicht parallelisierbaren und p den parallelisierbaren Anteil eines Algorithmus und sei weiterhin die Laufzeit des sequentiellen Algorithmus normiert, d. h. $s + p = 1$, dann gilt für die erreichbare Beschleunigung b bei N Prozessoren die Beziehung

$$b(N) = \frac{1}{s + \frac{p}{N}} .$$

Damit wäre für eine steigende Anzahl N von Prozessoren als Grenzwert praktisch nur eine maximale Beschleunigung von $\frac{1}{s}$ erreichbar. Bei einem sequentiellen Anteil von 20 % ergibt sich demnach nur eine enttäuschende Beschleunigung von höchstens 5. Der Zusammenhang zwischen sequentieller und paralleler Laufzeit nach Amdahl ist noch einmal in Abbildung 4.3 dargestellt.

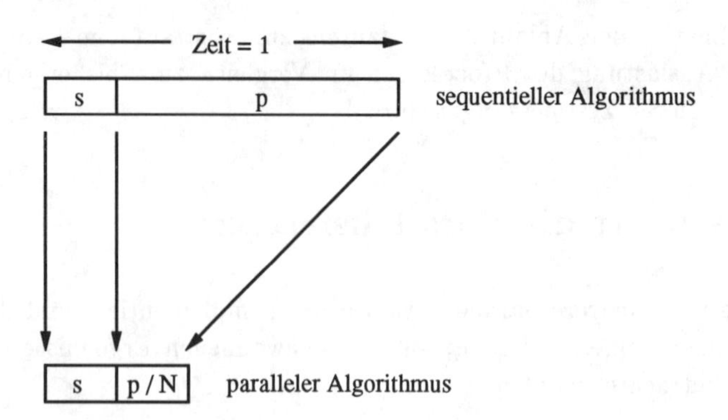

Abbildung 4.3: Beschleunigung $b(N) = \frac{1}{s+p/N}$ nach Amdahl

4.3.2 Gustafsons Interpretation

Amdahls Gesetz geht von einer konstanten Problemgröße aus und setzt damit voraus, daß der parallelisierbare Anteil eines Algorithmus unabhängig von der Prozessorenanzahl N ist.

Gustafson behauptet dagegen in [Gus88], daß Amdahls Voraussetzungen in der Praxis so gut wie nie gegeben sind. Nach Gustafson steigt die Problemgröße mit der Anzahl der eingesetzten Prozessoren. Je mehr Prozessoren vorhanden sind, desto größer wird auch das bearbeitete Gesamtproblem sein, da mit mehr Prozessoren auch die nominale Gesamtleistung und in der Regel auch der insgesamt zur Verfügung stehende Speicher wächst. Daraus folgt, daß beim praktischen Einsatz paralleler Algorithmen die *Laufzeit* eines Algorithmus und nicht die *Problemgröße* konstant ist. Bezeichnen s und p jetzt den sequentiellen resp. den parallelisierten Anteil des parallelen Algorithmus und normiert man diese Laufzeit zu $s + p = 1$, dann ergibt sich für die zu erwartende Beschleunigung b der Ausdruck

$$b(N) = s + p \cdot N = s + (1 - s)N \ .$$

Dieser Zusammenhang zwischen sequentieller und paralleler Laufzeit eines Algorithmus nach Gustafson ist in Abbildung 4.4 verdeutlicht.

Nach Gustafsons Interpretation beschreibt die Kurve für die Beschleunigung b in Abhängigkeit der Prozessoranzahl N also eine Gerade mit der Steigung $(1 - s)$. Die Beschleunigung wächst daher linear mit einer steigenden Anzahl von Prozessoren und ist nicht wie in Amdahls Gesetz nach oben beschränkt. Auch hier gilt natürlich: Je kleiner der sequentielle Anteil s ist, desto größer wird die zu erwartende Beschleunigung sein.

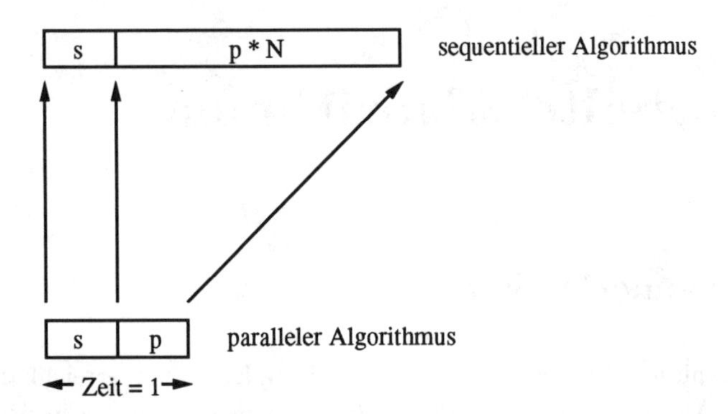

Abbildung 4.4: Beschleunigung $b(N) = s + pN$ nach Gustafson

4.3.3 Aufgaben

13. Machen Sie sich die Aussagen der Gesetze von Amdahl und Gustafson klar.

14. Übertragen Sie die Gesetze auf Ihre bisherigen parallelen Algorithmen. Wie groß sind hier die Anteile s und p?

15. Unter welchen Voraussetzungen sind die Gesetze von Amdahl und Gustafson Ihrer Meinung nach anwendbar?

5 Verteilte Algorithmen

5.1 Vorbemerkungen

In diesem Kapitel soll nicht die mit einem Parallelrechner erreichbare Beschleunigung eines Algorithmus interessieren. Vielmehr werden hier Algorithmen vorgestellt, die in verteilten Prozessorsystemen nützlich sind, um z. B. eine Übersicht über das System zu ermitteln oder eine Verteilung von Botschaften oder eine Synchronisation der Prozesse zu erreichen.

Unter einem *verteilten Prozessorsystem* wird in diesem Versuch ein aus mehreren Prozessoren[1] bestehendes Netzwerk mit folgenden Eigenschaften verstanden:

- Das Netzwerk besteht aus endlich vielen, voneinander unabhängigen, asynchron arbeitenden Prozessoren.
- Die Prozessoren sind paarweise über bidirektionale Kommunikationsverbindungen (Links) miteinander verbunden.
- Das Verbindungsnetzwerk ist statisch; es läßt sich als ungerichteter, zusammenhängender und nicht notwendig vollständiger Graph interpretieren.
- Die Prozessoren kommunizieren untereinander durch Austausch von Nachrichten nach dem Rendezvous-Prinzip.
- Bei der Kommunikation gehen keine Nachrichten verloren.
- Die Prozessoren besitzen keine globale Sicht auf das Gesamtsystem; insbesondere ist ihnen weder die globale Verbindungsstruktur bekannt, noch wissen sie, wieviele Prozessoren insgesamt im Netzwerk vorhanden sind. Jeder Prozessor kennt nur die Verbindungen zu seinen eigenen Nachbarn.
- Es gibt keine Instanz, die auf alle Prozessoren zugreifen bzw. mit allen direkt kommunizieren kann.
- Die Prozessoren besitzen eine eindeutige Kennung zur Identifikation.

[1] Wie üblich werden die Begriffe „Prozessor“ und „Prozeß“ weitgehend synonym benutzt.

- In unserem Fall soll es einen ausgezeichneten Prozessor (*Master*) geben. Dieser weiß, daß er über eine ihm ebenfalls bekannte Verbindung (z. B. seinen Link 0) mit einem sogenannten *Host* verbunden ist, der Ein- und Ausgaben über ein Terminal abwickeln kann. Die anderen Prozessoren des Netzwerkes wissen nur, daß sie selbst diese Verbindung zum Host nicht haben; aber sie wissen nicht, ob oder wie sie mit dem Master verbunden sind.

Diese Einschränkungen erscheinen sehr restriktiv und sind sicherlich in konkreten Anwendungen nicht alle gleichzeitig gegeben, da man meistens über die vorhandene Topologie sehr genaue Kenntnisse besitzt und diese – wie in den Kapiteln 3 und 4 – auch in die Algorithmen einfließen läßt. Dennoch soll hier vom allgemeinen Fall eines verteilten Netzwerkes ausgegangen werden.

5.2 Der Echo-Algorithmus

5.2.1 Das Problem und zwei Begriffe

Um eine geschlossene Sicht auf den Gesamtzustand eines verteilten Systems zu ermitteln oder Botschaften an alle Knoten eines Netzwerkes zu verteilen, stellt sich oft ein Problem der folgenden Art:

> Ein Netzwerk mit den Einschränkungen aus Abschnitt 5.1 soll (nach Möglichkeit parallel) durchlaufen werden, so daß jeder Knoten genau einmal besucht wird und er dabei eine bestimmte Aktion – z. B. die Übermittlung seines eigenen Zustandes oder die Annahme einer Nachricht – ausführt. Ein beliebiger Knoten soll das Verfahren jederzeit anstoßen können. Nachdem alle Knoten des Netzwerkes besucht wurden, soll der Initiator vom Abschluß des Verfahrens unterrichtet werden.

Es sind sicherlich mehrere Lösungen dieser Aufgabe denkbar, die sich z. B. durch ihren Zeit- oder Speicherbedarf voneinander unterscheiden können. Zum Vergleich verteilter Algorithmen sind daher im wesentlichen zwei Komplexitätsmaße gebräuchlich:

Nachrichtenkomplexität: Sie bezeichnet die Anzahl der insgesamt im Verlauf des Algorithmus verschickten Nachrichten. Dabei wird angenommen, daß die Übertragung jeder Nachricht genau eine Zeiteinheit beansprucht und für deren lokale Bearbeitung keine Zeit anfällt.

Bitkomplexität: Sie bezeichnet die Gesamtlänge aller verbreiteten Nachrichten (Anzahl der Bits). Die Verwendung dieses Maßes ist immer dann sinnvoll, wenn von den Prozessen Nachrichten unterschiedlicher Länge verschickt werden.

5.2.2 Eine Lösung des Problems

Um das geschilderte Problem etwas zu vereinfachen, beschränken wir uns zunächst auf den Fall, daß nur *ein* Prozeß zur Zeit den Algorithmus starten darf.

Der Versand von Nachrichten von einem Prozessor zu allen anderen innerhalb eines beliebigen Netzwerkes läßt sich recht einfach entlang der Kanten eines spannenden Baumes des Netzwerkgraphen durchführen. Die Verwendung dieses Hilfsmittels führt zu folgender Lösungsidee:

> Zunächst „schlafen" alle Prozesse des Netzwerkes. Der Initiator „erwacht" und weckt seine direkten Nachbarn durch Übersenden je einer Wakeup-Nachricht auf. Wird ein Knoten[2] durch eine ankommende Nachricht aufgeweckt, so stößt er wiederum seine Nachbarn an, bis schließlich alle Prozesse aufgewacht sind. Wenn jeder Knoten den Prozeß, der ihn aufgeweckt hat – es wird angenommen, daß sich immer genau ein solcher Prozeß identifizieren läßt –, als Vorgänger in einem Baum ansieht, ist somit nach dem Erwachen aller Knoten ein spannender Baum mit dem Initiator als Wurzel gefunden. Entlang der Kanten des Baumes wird nun ein Echo an den Initiator zurückgeschickt und dieser damit von der Terminierung des Algorithmus unterrichtet. Nach dem Versand seiner Echo-Nachricht legt sich jeder Knoten wieder schlafen und ist damit für den nächsten Ablauf des Algorithmus bereit.

Diese Idee wird nun im sogenannten *Echo-Algorithmus* umgesetzt; dabei werden in jedem Prozessor folgende Variablen benutzt:

- In `initiator` merkt sich jeder Prozeß, ob er selbst den Algorithmus gestartet hat oder von einem Nachbarn aufgeweckt wurde.
- `awake` zeigt an, ob ein Prozeß bereits aufgeweckt wurde.
- `neighbors` bezeichnet die Menge der Nachbarn eines Knotens.
- Mit `n` werden die ankommenden Nachrichten gezählt (Anmerkung: Über jede Kante wird genau eine Nachricht empfangen).

---

[2] Da jeder Prozeß auch als Knoten des Netzwerkgraphen aufgefaßt werden kann, sind in diesem Zusammenhang die Begriffe „Knoten" und „Prozeß" gleichbedeutend.

- `pred` gibt den Vorgänger des Knotens im spannenden Baum an.

Gestartet wird der Echo-Algorithmus durch folgende Befehlssequenz des Initiators:

```
initiator := TRUE
awake := TRUE
n := 0
send WAKEUP to neighbors
```

Jeder der zunächst schlafenden Prozesse führt dann je nach Art der ankommenden Nachricht eine der in Programm 5.1 oder 5.2 aufgeführten Aktionen aus.

```
-- Es wurde ein Wakeup vom Nachbarn "p" empfangen:
SEQ
  -- gegebenenfalls Aufwachen
  IF
    NOT awake
      SEQ
        n := 0
        pred := p
        send WAKEUP to neighbors - {pred}
        awake := TRUE
    TRUE
      SKIP
  n := n + 1

  -- ist der Algorithmus damit beendet?
  IF
    n = |neighbors|
      SEQ
        IF
          initiator
            finish ()
          TRUE
            send ECHO to pred
        awake := FALSE
    TRUE
      SKIP
```

Programm 5.1: Aktionen des Echo-Algorithmus bei Empfang eines Wakeups

```
-- Es wurde ein Echo vom Nachbarn "p" empfangen:
SEQ
  n := n + 1
  -- ist der Algorithmus damit beendet?
  IF
    n = |neighbors|
      SEQ
        IF
          initiator
            finish ()
          TRUE
            send ECHO to pred
        awake := FALSE
    TRUE
      SKIP
```

Programm 5.2: Aktionen des Echo-Algorithmus bei Empfang eines Echos

5.2.3 Hinweise zur Implementierung

Als Beispiel soll der Echo-Algorithmus auf das Netzwerk aus Abbildung 5.1 angewendet werden. Der Netzwerkgraph besteht aus fünf Knoten – einem Host sowie den Prozessen $0, \ldots, 3$ –, die über die Kanten $a, \ldots, e$ in der dargestellten Weise miteinander verbunden sind. Jede Kante repräsentiert dabei einen Link, also zwei entgegengesetzt gerichtete unidirektionale Kanäle zwischen den Prozessen.

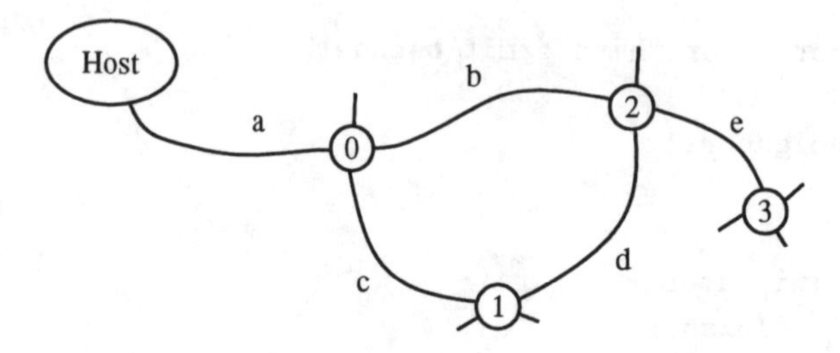

Abbildung 5.1: Beispiel eines Prozessornetzwerkes

Auf dem Host-Prozeß läuft eine Prozedur mit folgenden formalen Parametern ab (die Bedeutung der Parameter sollte sich aus deren Bezeichnung ergeben):

```
PROC Host (CHAN OF INT keyboard, CHAN OF ANY screen,
           CHAN OF ANY from.net, to.net)
```

Die Prozedurköpfe der anderen Prozesse haben alle das folgende Aussehen:

```
PROC Node (CHAN OF ANY in0, out0, in1, out1,
                       in2, out2, in3, out3,
           VAL INT my.id, VAL BOOL master)
```

Die ersten acht Parameter des `Node`-Prozesses stellen Kanäle zur Kommunikation mit anderen Prozessen dar. Die Paare `in0`, `out0` usw. sind dabei jeweils entgegengesetzt gerichtete Kanäle, die auf einen Link abgebildet werden und die Kommunikation von bzw. zu einem Nachbarn abwickeln sollen. Über `my.id` kann sich jeder Prozeß identifizieren, und anhand des Parameters `master` kann er feststellen, ob er der ausgezeichnete Master des Netzwerkes ist, der eine Verbindung zum Host besitzt (`master = TRUE`).

Der Echo-Algorithmus soll auf beliebigen Transputernetzwerken eingesetzt werden können, daher ist die Prozedur `Node` generell für vier Nachbarprozesse ausgelegt. Somit müssen Verbindungen, die in einem konkreten Netzwerk nicht benutzt werden, durch „Dummy"-Kanäle belegt werden. Unter Beachtung dieser Bedingungen läßt sich das Netzwerk aus Abbildung 5.1 in Occam z. B. durch das Programm 5.3 modellieren.

```
-- Beschreibung des Beispielnetzwerkes in Occam.
--
CHAN OF ANY a.to, a.fro, b.to, b.fro,    -- Pro Link je ein
            c.to, c.fro, d.to, d.fro,    -- Kanal hin (to) und
            e.to, e.fro:                 -- her (fro).
CHAN OF ANY dum01, dum02, ..., dum14:    -- Dummy-Kanaele fuer
                                         -- freie Links.
PAR
  Host (keyboard, screen, a.fro, a.to)
  Node (a.to,  a.fro, b.to,  b.fro,
                      c.to,  c.fro, dum01, dum02, 0, TRUE)
  Node (dum03, dum04, c.fro, c.to,
                      d.to,  d.fro, dum05, dum06, 1, FALSE)
  Node (b.fro, b.to,  dum07, dum08,
                      e.to,  e.fro, d.fro, d.to,  2, FALSE)
  Node (e.fro, e.to,  dum09, dum10,
                      dum11, dum12, dum13, dum14, 3, FALSE)
```

Programm 5.3: Ein Netzwerk kommunizierender Prozesse

Damit jeder Prozeß feststellen kann, an welchen seiner vier Links überhaupt andere Prozesse des Netzwerkes angeschlossen sind, steht in der Bibliothek `procs` eine

Prozedur `test.links` zur Verfügung (genaue Beschreibung s. Anh. A.3). Sie sollte innerhalb der Prozedur `Node` *vor* allen anderen Aktionen gestartet werden.

Da `test.links` versucht, über alle als Parameter übergebenen Kanäle eine Kommunikation abzuwickeln, ist es für ein fehlerfreies Funktionieren notwendig, daß die Prozedur auf allen Prozessen des Netzwerkes gleichzeitig abläuft; nur so kann erkannt werden, wo eine Kommunikationsverbindung zwischen Prozessen besteht. Ein Beispiel für die korrekte Verwendung von `test.links` innerhalb der Prozedur `Node` ist in dem Programmausschnitt 5.4 gezeigt. Die im Beispiel verwendeten Variablen `present`*i* werden von `test.links` genau dann auf `TRUE` gesetzt, wenn über das *i*-te Kanalpaar eine Verbindung zu einem anderen Prozeß besteht.

```
-- Interner Aufbau eines Prozessorknotens.
--
PROC Node (CHAN OF ANY in0, out0, in1, out1,
                       in2, out2, in3, out3,
           VAL INT my.id, VAL BOOL master)
  VAL link.number.to.host IS (INT master) - 1: -- ergibt 0 fuer
                                               -- den Master,
                                               -- sonst -1.
  PROC Echo (CHAN OF my.protocol from0, to0, ...,
             VAL BOOL present0, present1, ...)
    ...
  :
  BOOL present0, present1,      -- zeigen an, welche Nachbarn
       present2, present3:      -- wirklich vorhanden sind.
  ...  weitere Deklarationen
  SEQ
    -- erst das Netzwerk untersuchen
    test.links (in0, out0, in1, out1, in2, out2, in3, out3,
                link.number.to.host, 800,
                present0, present1, present2, present3)

    -- dann den Echo-Algorithmus starten
    Echo (in0, out0, in1, out1, in2, out2, in3, out3,
          present0, present1, present2, present3)
:
```

Programm 5.4: Interner Aufbau der Prozedur `Node`

Beachten Sie, daß die Prozedur `test.links` Kanäle vom Typ `ANY` erwartet. Im Echo-Algorithmus empfiehlt sich dagegen die Verwendung von Protokollen. Diese beiden Forderungen lassen sich erfüllen, wenn Sie wie im Programm 5.4 das Protokoll des Echo-Algorithmus nur lokal innerhalb der Prozedur `Echo` benutzen.

Für eine komfortable Behandlung der Eingabekanäle innerhalb der Prozedur `Echo` ist es wünschenswert, die als Parameter einzeln übergebenen Kanäle in einem Feld zusammenzufassen, so daß ein repliziertes `ALT`-Konstrukt zur Überwachung der Eingabe eingesetzt werden kann:

```
[] CHAN OF my.protocol all.in IS [in0, in1, in2, in3]:
```

Diese Gruppierung von bereits definierten Kanälen in einem Feld ist jedoch nur bei der Verwendung des Inmos Occam-Toolsets ab Version D4205 erlaubt. Die Sprachübersetzer von MultiTool bzw. TDS unterstützen diese Möglichkeit nicht!

5.2.4 Aufgaben

1. Machen Sie sich die Idee und Funktionsweise des Echo-Algorithmus klar, und spielen Sie ihn anhand des Beispiels aus Abbildung 5.1 durch.

2. Wie groß ist die Nachrichtenkomplexität des beschriebenen Verfahrens?

3. Benutzen Sie den Echo-Algorithmus, um in einem verteilten System einen spannenden Baum zu bestimmen. Geben Sie den ermittelten Baum in geeigneter Weise auf dem Host aus. Implementieren Sie Ihr Verfahren in Occam auf einem einzelnen Transputer oder auf einem Transputernetzwerk. Sehen Sie für jeden Knoten des Netzwerkes eine Prozedur `Node` nach dem Muster aus Programm 5.4 vor. Als Initiator des Echo-Algorithmus können Sie den Master-Prozeß des Netzwerkes festlegen.

***4.** Wie groß ist die Bitkomplexität Ihres Algorithmus?

5. Arbeitet Ihr Programm verklemmungsfrei (insbesondere bei Netzwerken mit vielen Schleifen)? Wann wären Verklemmungen möglich, und wie vermeiden Sie diese in Ihrer Implementierung des Algorithmus?

6. Testen Sie Ihren Algorithmus auf verschiedenen Netzwerken. Wenden Sie Ihr Programm zunächst auf einen einzelnen Knoten, dann nacheinander auf die Beispiele aus Abbildung 5.2 und schließlich auf kompliziertere Topologien (z. B. Torus, Würfel oder beliebige Graphen) an.

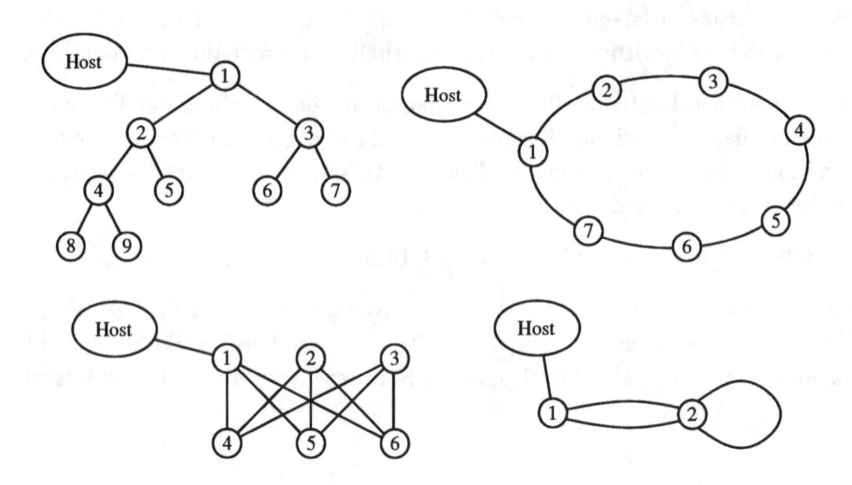

Abbildung 5.2: Testnetzwerke für den Echo-Algorithmus

5.3 Election-Algorithmen

5.3.1 Die Problemstellung

In einem verteilten System mit den Einschränkungen aus Abschnitt 5.1 sollen sich gleichartige Prozesse ohne Hilfe von außen auf einen Repräsentanten einigen und damit eine sogenannte *Leader-Election* durchführen. Dabei soll gelten:

- Jeder Prozeß kann jederzeit unabhängig von den anderen das Verfahren starten.
- Alle Prozesse sind gleichberechtigt.
- Die Prozesse kommunizieren durch Nachrichtenaustausch untereinander, so daß sichergestellt wird, daß am Ende unter den gleichzeitig aktiven Initiatoren ein eindeutiger Repräsentant (der sogenannte *Leader*) gefunden ist.
- Der Repräsentant weiß, daß er ausgewählt wurde und unterrichtet bei Bedarf die anderen Prozesse von seiner Wahl.

Ein Algorithmus, der das Election-Problem löst, läßt sich anschließend einfach zu einem Echo-Algorithmus modifizieren, bei dem die in Abschnitt 5.2 gemachte Einschränkung eines einzelnen Initiators entfällt.

Ohne Beschränkung der Allgemeinheit sei angenommen, daß die Identifikationen der Prozesse total geordnet sind, so daß sie durch ganze Zahlen repräsentiert werden können. Damit kann die Election-Aufgabe in ein anderes Problem transformiert werden, das darin besteht, den Initiator mit der größten Identifikation zu finden, d. h. eine verteilte Maximumbestimmung in einem beliebigen Netzwerk durchzuführen.

5.3.2 Eine erste Lösungsidee

Jeder Prozessor, der das Verfahren einleiten möchte, sendet eine Anfrage an seine Nachbarn. Diese verbreiten die Anfrage an ihre Nachbarn weiter und schicken außerdem eine Nachricht an den Initiator zurück, in der sie ihre eigene Identifikation angeben und außerdem vermerken, ob sie selbst an der Leader-Election teilnehmen möchten. Der Initiator kann nun aus den ankommenden Nachrichten das Maximum ermitteln und dann den so bestimmten Gewinner benachrichtigen.

Diese Idee ist gut, hat aber einen Haken: Wie stellt ein Initiator fest, daß er von allen Knoten des Netzes eine Nachricht empfangen hat (ihm ist die Gesamtanzahl der Prozessoren unbekannt!)?

Dieses Problem führt also auf das Problem der verteilten Terminierung. Eine Lösungsidee dafür ist z. B. die folgende: Das Netz wird mit dem Echo-Algorithmus aus Abschnitt 5.2 inspiziert. Mit dem Echo schickt jeder Knoten die ihm bekannte maximale Identität an den Initiator zurück. Anschließend verteilt der Initiator das Maximum und der Gewinner kann sich identifizieren. Der Nachteil dieser Lösung ist, daß aufgrund des verwendeten Echo-Algorithmus wieder nur ein Initiator erlaubt ist.

5.3.3 Das Echo/Election-Verfahren

Der Algorithmus

Die eben in Abschnitt 5.3.2 vorgestellte erste Lösungsidee war schon ganz brauchbar, sie muß aber noch für die Zulassung mehrerer Initiatoren erweitert werden. Das ist z. B. dadurch zu erreichen, daß jeder Initiator mit der Wakeup-Nachricht seine eigene Identität verschickt. So breiten sich im Falle mehrerer Initiatoren verschiedene Wellen im Netzwerk aus. Treffen nun Wellen unterschiedlicher Initiatoren aufeinander, so setzt sich die „stärkere“ Welle durch, während die „schwächere“ aufgibt. Alle „schwachen“ Initiatoren werden im Verlauf des Algorithmus von einer „stärkeren“ Welle überlaufen, so daß am Ende alle Knoten von der insgesamt „stärksten“ Welle eingenommen werden und ihr Echo auch wirklich an den „stärksten“ Inititator gelangt.

Aufgaben

7. Machen Sie sich den Ablauf des Algorithmus anhand einfacher Beispiele klar.

8. Implementieren Sie den Echo/Election-Algorithmus in Occam auf einem einzelnen Transputer oder auf einem Transputernetzwerk. Lassen Sie sich die Identifikation des Gewinners auf dem Host ausgeben. Zur Vereinfachung programmieren Sie Ihren Algorithmus zunächst so, daß alle Prozesse gleichzeitig das Election-Verfahren starten möchten. Später können Sie Ihr Programm dann so modifizieren, daß jeder Prozeß nach Ablauf einer zufälligen Zeitspanne den Algorithmus anstößt. Verfolgen Sie den Programmablauf am Bildschirm, indem Sie z. B. vom Host ausgeben lassen, wann der Master von welchen Wellen erreicht wird.

9. Testen Sie Ihr Programm ausführlich mit verschiedenen Netzwerken. Vertauschen Sie auch die Identifikationen der Prozessoren.

10. Arbeitet Ihr Verfahren wirklich verklemmungsfrei?

***11.** Wie groß ist im ungünstigsten Fall die Nachrichtenkomplexität des Echo/Election-Algorithmus?

5.3.4 Das Adoptionsverfahren

Beschreibung des Verfahrens

Das in Abschnitt 5.3.3 vorgestellte Echo/Election-Verfahren löst zwar die gestellte Aufgabe der verteilten Maximumbestimmung, es ist jedoch im Hinblick auf die Nachrichtenkomplexität sicher nicht optimal. So kann es beispielsweise passieren, daß ein Knoten mehrfach ein Echo versenden muß, weil er im Verlauf des Algorithmus von immer „stärkeren" Wellen überrollt wird.

Dieser Aufwand kann vermieden werden, wenn beim Aufeinandertreffen zweier Wakeup-Wellen das gesamte Gebiet des „schwächeren" Initiators sofort der „stärkeren" Welle zugeschlagen wird. Das läßt sich z. B. dadurch erreichen, daß nur die Wurzel des „schwächeren" spannenden Baumes zum „stärkeren" umgelenkt wird, die restlichen Knoten aber nicht erneut von einer Welle besucht, sondern sofort „adoptiert" werden.

Dieses Vorgehen ist für zwei Initiatoren in Abbildung 5.3 dargestellt. Im oberen Bild wird der Algorithmus gleichzeitig von den Knoten 1 und 3 gestartet, so daß sich zwei Wellen in dem Netzwerk ausbreiten. Bereits aufgeweckte Knoten sind dort mit der Identifikation des sie aufweckenden Initiators gekennzeichnet, die beiden Initiatoren sind zusätzlich hervorgehoben. Kanten des spannenden Baumes sind als Pfeile – die Spitze zeigt in Richtung der Wurzel –, Kanten, die nicht im spannenden Baum auftreten, als gestrichelte Linien und Kanten, auf denen noch Wakeup-Nachrichten unterwegs sind, durch ausgezogenen Linien dargestellt. Im unteren Bild hat die „stärkere“ Welle das „schwächere“ Gebiet adoptiert. Ein spannender Baum mit dem Knoten 3 als Wurzel wurde gefunden und dieser Prozeß damit als Repräsentant des Netzwerkes ausgewählt.

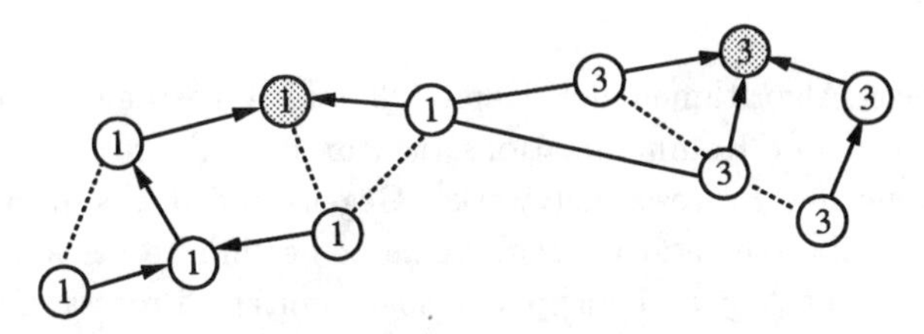

Ausbreitung zweier Wellen, die sich in einem Knoten treffen

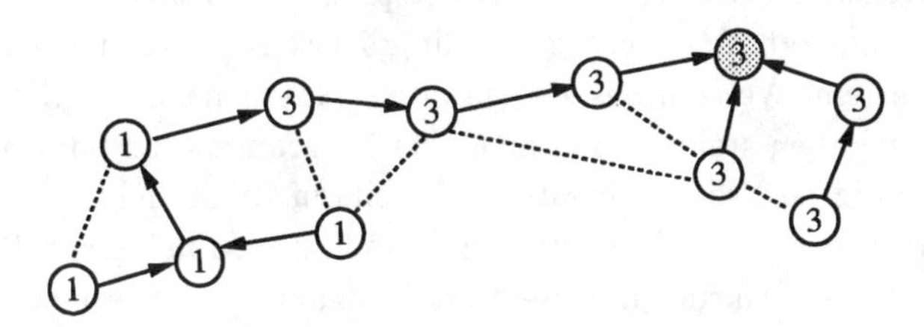

Adoption des „schwächeren“ Gebietes durch die „stärkere“ Welle

Abbildung 5.3: Ablauf des Adoptionsverfahrens

Aufgaben

12. Spielen Sie den Algorithmus an mehreren Beispielen durch.

***13.** Wenn Sie immer noch Lust zum Programmieren haben, versuchen Sie, das Verfahren in Occam zu implementieren. Aber Vorsicht: Der Algorithmus ist für mehr als zwei Initiatoren und beliebige Netzwerke sehr tückisch! Eine ausführliche und sehr anschauliche Beschreibung des Adoptionsverfahrens ist in [Mat89] zu finden.

6 Prozessorfarmen und parallele Spielbaumsuche

In den parallelen Algorithmen der Kapitel 3 und 4 bestand ein enger Zusammenhang zwischen der Kommunikationsstruktur der Algorithmen und der Verbindungstopologie der Prozessornetzwerke. Gegenstand dieses Kapitels ist dagegen eine Form der Parallelverarbeitung, die *keine* bestimmte Verbindungstopologie erfordert, sondern nach dem Prinzip der sogenannten „Prozessorfarm" arbeitet. Eine Prozessorfarm besteht aus einem Steuerprozessor, der eine beliebige Anzahl willkürlich miteinander verschalteter Arbeitsprozessoren kontrolliert und mit Rechenaufträgen versorgt. Als nicht ganz alltägliches Anwendungsbeispiel der Prozessorfarm dient eine Version des sogenannten „Spernerspiels" ([SW90]). Im Mittelpunkt der Aufgaben steht jedoch nicht die Programmierung des Spieles an sich – die dafür benötigten Prozeduren stehen bereits in Bibliotheken zur Verfügung –, sondern der Aufbau einer funktionsfähigen, topologieunabhängigen Prozessorfarm. Nachdem die Prozessorfarm implementiert ist, kann sie im letzten Abschnitt als Grundlage dienen, um mit verschiedenen Spielbaum-Suchalgorithmen zu experimentieren und die mit ihnen erreichbare Beschleunigung zu bestimmen.

6.1 Einführung

Zunächst soll die später von der Prozessorfarm zu bearbeitende Aufgabe – das Spernerspiel – näher besprochen werden. Nach der Erläuterung der Spielregeln wird ein einfaches Verfahren zur sogenannten „Spielbaumsuche" vorgestellt. Der Algorithmus soll zwar nicht selbst programmiert werden, ein prinzipielles Verständnis seiner Arbeitsweise ist aber dennoch anzustreben, da aus dem Vorgehen des Algorithmus später die Idee zur Parallelisierung auf der Prozessorfarm abgeleitet wird. Anschließend werden die Prozeduren, die zur Realisierung des Spernerspiels bereits zur Verfügung stehen, erklärt und in einer ersten Aufgabe für ein zunächst sequentielles Spernerspiel auf einem Transputer benutzt.

6.1.1 Das Sppernerspiel

Die von uns verwendete Version des Spernerspiels wird von zwei Personen auf einem Brett gespielt, das aus einem Dreieck $\triangle ABC$ besteht, das wiederum in Teildreiecke zerlegt ist. Die Ecken A, B und C des Grunddreieckes sind in dieser Reihenfolge mit den Markierungen 1, 2 und 3 versehen.

Das Spiel besteht nun darin, daß die Spieler abwechselnd unter Berücksichtigung der folgenden Regeln eine Markierung auf eine noch nicht markierte Ecke eines beliebigen Teildreiecks setzen:

1. Entlang der Kante $\overline{AB}$ dürfen nur die Markierungen 1 oder 2, auf der Kante $\overline{AC}$ nur die Markierungen 1 oder 3 und schließlich entlang der Kante $\overline{BC}$ nur die Markierungen 2 oder 3 gesetzt werden.
2. Sonst bestehen keine Einschränkungen bezüglich der Markierungen.
3. Gewonnen hat derjenige Spieler, dem es zuerst gelingt, ein *Gewinndreieck*, d. h. ein an den Ecken vollständig mit allen Ziffern 1, 2 und 3 markiertes (und nicht weiter unterteiltes) Teildreieck zu erzeugen.

Die Belegung eines Spielbrettes der Seitenlänge sechs nach neun Spielzügen ist in Abbildung 6.1 dargestellt; das darin enthaltene Gewinndreieck ist zusätzlich schraffiert hervorgehoben.

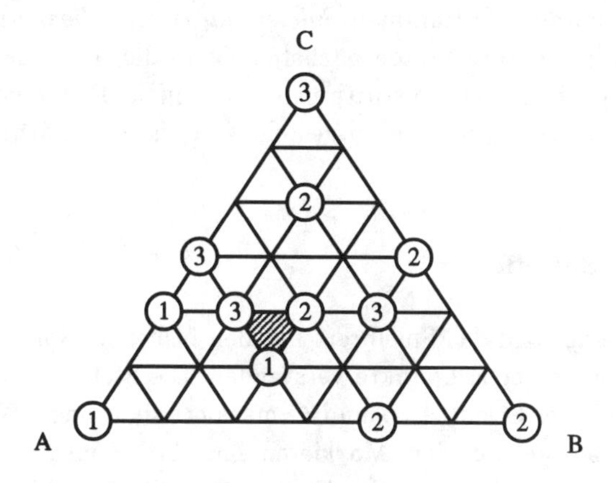

Abbildung 6.1: Eine Gewinnstellung des Spernerspiels

Zum Schluß noch ein Hinweis für theoretisch Interessierte: Aus dem aus der Mathematik bekannten „Spernerschen Lemma“ läßt sich ableiten, daß irgendwann im Spielverlauf ein Gewinndreieck auftreten muß, und das Spiel daher niemals unentschieden enden kann – sofern sich die Spieler an die Regeln halten.

Das Spernersche Lemma: Ein Dreieck $\triangle$ mit den Eckpunkten A, B, C sei in Dreiecke $\triangle_1, \triangle_2, \ldots, \triangle_m$ so zerlegt (trianguliert), daß gilt

$$\triangle = \bigcup_{1 \leq i \leq m} \triangle_i \,,$$

wobei der Durchschnitt $\triangle_i \cap \triangle_j$ aller Paare von verschiedenen Dreiecken $\triangle_i$ und $\triangle_j$ $(1 \leq i, j \leq m)$ aus einer gemeinsamen Kante oder Ecke besteht oder leer ist. Sind die Eckpunkte A, B und C mit den Ziffern 1, 2 bzw. 3 gekennzeichnet und werden alle anderen Ecken der Teildreiecke gemäß den oben aufgeführten Regeln des Spernerspiels markiert, dann ist die Anzahl der vollständig mit allen Ziffern 1, 2 und 3 markierten und nicht weiter unterteilten Teildreiecke ungerade (und damit insbesondere größer oder gleich eins).

Ein sehr schöner, anschaulicher Beweis dieses Lemmas ist z. B. in [Wil82] zu finden.

6.1.2 Prinzip der Spielbaumsuche

Im Spernerspiel ist der Gewinn eines Spielers mit dem gleichzeitigen Verlust des anderen verbunden. Da außerdem beide Spieler aufgrund der Markierung des Spielbrettes zu jeder Zeit die gesamte Information über den bisherigen Spielverlauf sowie die mögliche Fortsetzung des Spieles besitzen, gehört das Spernerspiel zu den sogenannten *Zwei-Personen-Nullsummen-Spielen mit vollständiger Information.* Damit lassen sich zur Findung des besten nächsten Zuges die für diese Klasse von Spielen bekannten Spielbaum-Suchalgorithmen verwenden. Bevor mit dem Minimax-Algorithmus ein solches Verfahren vorgestellt wird, ist die Klärung einiger Begriffe notwendig.

Grundlegende Begriffe

Unter einer *Stellung* wird das Spielbrett mit den bisher im Spielverlauf angebrachten Markierungen einiger Eckpunkte verstanden. Die Stellung zu Beginn des Spieles, in der nur die drei Ecken A, B und C markiert sind, heißt *Grundstellung.* Ein (*zulässiger*) *Zug* besteht aus dem Markieren einer bisher nicht markierten Ecke einer Stellung unter Beachtung der Spielregeln. Eine Stellung heißt *Gewinnstellung*, wenn durch den letzten Zug ein mit allen Ziffern 1, 2 und 3 markiertes Teildreieck (Gewinndreieck) entstanden ist.

Ausgehend von der aktuellen Spielstellung lassen sich alle möglichen Fortsetzungen des Spieles eindeutig in einem baumartigen Schema – dem sogenannten *Spielbaum* – darstellen, in dem jeder Knoten des Baumes als eine Spielstellung aufgefaßt wird.

Die direkten Nachfolger jedes Knotens bilden die Stellungen, die aus ihm durch Ausführen genau eines Zuges hervorgehen.

Der am Zug befindliche Spieler wird unter den möglichen Fortsetzungen des Spieles diejenige wählen, die für ihn den größten Vorteil bietet. Um diesen günstigsten Zug zu bestimmen, kann er z. B. ausgehend von der aktuellen Stellung einen Spielbaum aufbauen und diesen mit einer erschöpfenden Suche nach allen möglichen Gewinnstellungen absuchen. Diese sogenannte *Brute-force-Methode* ist im allgemeinen jedoch aufgrund der kombinatorischen Explosion der möglichen Spielstellungen und dem Bestehen von Zeit- oder Speicherbeschränkungen im Rechner nicht praktikabel. Daher wird man in der Praxis nur die Stellungen betrachten, die mit einer festgelegten Maximalanzahl von Zügen aus der aktuellen Stellung abgeleitet werden können und anhand dieses beschränkten Spielbaumausschnittes – des sogenannten *Suchbaumes* – eine Beurteilung des weiteren Spielverlaufes vornehmen.

Wie üblich wird der Knoten des Suchbaumes ohne Vorgänger *Wurzel* und ein Knoten ohne Nachfolger *Blatt* genannt. Alle Stellungen, die aus der Wurzel nach Anwendung von genau k Zügen entstehen, bezeichnet man als k-te *Ebene* des Suchbaumes. Die Wurzel, die auch *Ausgangsstellung* der aktuellen Suche genannt wird, bildet die 0te Ebene. Die Länge der längsten in dem Suchbaum auftretenden Zugfolge wird *Tiefe* des Baumes genannt.

Ab sofort sei der Spieler, der bei der als Wurzel des Suchbaumes gegebenen Stellung den nächsten Zug auszuführen hat, mit *Max* und sein Gegenspieler mit *Min* bezeichnet. In einer graphischen Darstellung des Suchbaumes werden die Stellungen mit Max (bzw. Min) am Zug durch □ (resp. ○) symbolisiert; diese Stellungen werden auch abkürzend als Max- bzw. Min-Stellungen bezeichnet.

Das Minimax-Prinzip zur Bewertung von Suchbäumen

Wenn der Suchbaum einer gegebenen Ausgangsstellung aufgestellt ist – wie tief man den Suchbaum wählt, hängt unter anderem von der für die Zugauswahl zur Verfügung stehenden Zeit ab –, ordnet man jedem Blatt dieses Baumes durch eine *Bewertungsfunktion* einen Zahlenwert zu, der die Qualität der Stellung ausdrückt. Damit wird insgesamt eine Beurteilung aller im Suchbaum repräsentierten Spielverläufe vorgenommen. Liegt der Wert eines Knotens im Intervall von $(0, +\infty)$, bedeutet dieses einen Vorteil für Max. Entsprechend steht ein Wert aus $(-\infty, 0)$ für einen Vorteil von Min, und der Wert 0 deutet auf keinen entscheidbaren Vorteil für einen der beiden Spieler hin. Bei der Durchführung der Bewertung arbeitet die Bewertungsfunktion in der Regel deterministisch, wobei sie auch heuristische Informationen – wie z. B. beim Schachspiel die Verteilung der Figuren oder Materialvorteile – in die Bewertung einfließen lassen kann.

In unserem Spernerspiel ist eine sehr einfache Bewertungsfunktion implementiert, die nur den Blättern des Suchbaumes, die Gewinnstellungen[1] repräsentieren, einen von null verschiedenen Wert zuordnet. Der Betrag eines Stellungswertes richtet sich nach der Lage der Stellung im Suchbaum: Gewinnstellungen auf niedriger Ebene werden vom Betrag her höher bewertet als solche auf tieferen Ebenen. Damit soll das Spiel bevorzugt auf Gewinnpositionen gelenkt werden, die mit wenigen Zügen von der Ausgangsstellung erreicht werden können. Blätter auf der untersten Ebene des Suchbaumes, die keine Gewinnstellungen darstellen, werden grundsätzlich mit null bewertet. Damit wird für diese Stellungen keine Prognose für den weiteren Spielverlauf zu Gunsten des einen oder anderen Spielers gewagt (eine etwas „cleverere" Bewertungsfunktion könnte an dieser Stelle versuchen, z. B. anhand der Verteilung der Markierungen auf dem Brett eine Voraussage des Spielausganges vorzunehmen).

Wurden die Blätter eines Suchbaumes bewertet, so lassen sich daraus die Werte für die restlichen Knoten des Baumes und schließlich für die Ausgangsstellung ableiten. Ist Max am Zug und stehen die Werte aller Nachfolgestellungen fest, wird er als nächstes den Zug ausführen, der zu der Stellung mit dem größten Wert führt. Ebenso kann Max davon ausgehen, daß sein Gegenspieler Min versucht, optimal zu spielen und in seinem nächsten Zug entsprechend die Stellung mit dem kleinsten Wert erzeugt. Demnach erhält man ausgehend von den bewerteten Blättern des Suchbaumes eine Bewertung der restlichen Knoten durch folgendes *Minimax-Prinzip*: Max-Knoten übernehmen den Wert des Maximums, Min-Knoten den des Minimums ihrer direkten Nachfolger. Ergibt sich nach dem Minimax-Prinzip für die Ausgangsstellung ein positiver Wert, so kann Max im Rahmen der vorausberechneten Züge des Suchbaumes unabhängig vom Zug des Gegners einen Vorteil für sich erzielen.

Die Abbildung 6.2 zeigt einen Suchbaum der Tiefe drei mit den sich nach dem Minimax-Prinzip ergebenden Bewertungen der Knoten, die jeweils innerhalb der Knotensymbole notiert wurden. Zur leichteren Identifizierung einer Stellung ist über jedem Knoten eine Nummer in der sogenannten *Dewey-decimal-Notation* angegeben, in welcher der k-te Nachfolger eines Knotens p durch die Zeichenkette $p.k$ bezeichnet wird. Gewinnstellungen sind im Bild zusätzlich gerastert unterlegt. Entsprechend der Bewertungsfunktion des Spernerspiels wurden Gewinnstellungen, die in der zweiten Baumebene auftreten, mit -2 und damit vom Betrag her höher bewertet als solche auf der untersten Ebene mit dem Wert 1. Blätter, die keine Gewinnstellungen darstellen, erhielten den Wert 0.

Wählt Max in diesem Beispiel als nächstes den zweiten Zug und erzeugt damit die

[1] Gewinnstellungen sind immer Blätter des Suchbaumes, da mit ihrem Erreichen das Spiel beendet ist, und es damit keine Folgezüge gibt!

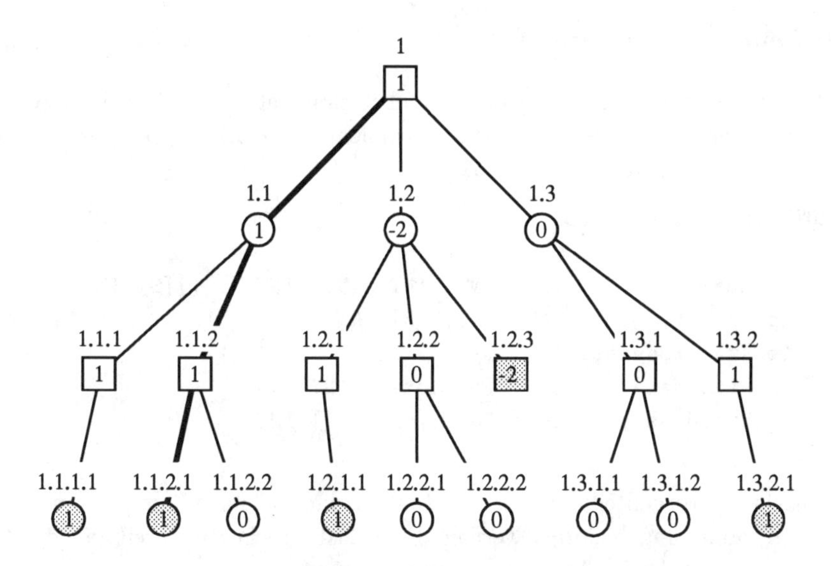

Abbildung 6.2: Minimax-Bewertung eines Suchbaumes

Stellung 1.2, so bereitet er den Sieg seines Gegners vor, den dieser durch Erreichen seiner Gewinnstellung 1.2.3 vollendet. Dagegen kann Max nach drei Zügen einen Sieg für sich erzwingen, wenn sein nächster Zug zur Stellung 1.1 führt. In dieser Stellung ist Min am Zug und hinterläßt auf jeden Fall eine Konstellation, in der Max nach einem Zug eine Gewinnposition erreicht; die Zugfolge mit dem Blatt 1.1.2.1 als Gewinnstellung ist in der Abbildung fett gedruckt hervorgehoben.

6.1.3 Realisierung des Spernerspiels

Da der Schwerpunkt bei der Programmierung in diesem Kapitel nicht auf der Implementierung des Spernerspiels, sondern auf der Realisierung einer funktionsfähigen Prozessorfarm liegt, wurden die wesentlichen für das Spernerspiel und die Spielbaumsuche benötigten Prozeduren bereits implementiert und in einer Bibliothek abgelegt. In diesem Abschnitt sollen Sie das verwendete Kommunikationsprotokoll und die bereitgestellten Prozeduren kennenlernen, indem Sie diese in einem zunächst rein sequentiell arbeitenden Spielbaum-Suchprogramm einsetzen. Das zu erstellende Programm, das aus einem Monitor- und einem Suchprozeß besteht, soll in der Lage sein, im Dialog gegen den Benutzer das Spernerspiel durchzuführen.

Das Kommunikationsprotokoll

Die Kommunikation zwischen Monitor und Suchprozeß und später auch zwischen allen Prozessen der Prozessorfarm läuft nach dem in der Bibliothek `sperner.names` definierten Protokoll `farm.protocol` ab:

```
PROTOCOL farm.protocol
  CASE
    fp.search;        INT; INT; INT; INT; INT :: [][3] INT
    fp.result;        INT; INT; [3] INT
    fp.stat.request;  INT
    fp.stat.data;     INT; [max.stat] INT
    fp.broadcast;     INT; INT; INT :: [] INT
:
```

Die einzelnen Protkollteile werden im Kontext dann näher erläutert, wenn sie bei der Programmierung benötigt werden. Eine ausführliche Beschreibung des kompletten Protokolls ist im Anhang A.4 zu finden.

Der Suchprozeß

In der Bibliothek `sperner.procs` ist eine Prozedur `Minimax.Search` enthalten, die über zwei Kanäle nach dem `farm.protocol` mit der Umgebung kommuniziert. Aufgabe dieser Prozedur ist es, für eine gegebene Spielstellung mit Hilfe des in Abschnitt 6.1.2 beschriebenen Minimax-Prinzips eine Bewertung des Suchbaumes durchzuführen. Der ausgewählte Zug mit der besten Bewertung wird über den Ausgabekanal als Zugvorschlag an den Monitor verschickt.

Der Prozeß `Minimax.Search` nimmt als Wurzel des Suchbaumes die Stellung an, die der Markierung des *intern* im Prozeß gespeicherten Spielbrettes entspricht. Daher ist es notwendig, dieses lokale Brett mit dem Spielbrett, das vom Monitor verwaltet und auf dem Bildschirm angezeigt wird, konsistent zu halten und den Suchprozeß explizit über alle durchgeführten Spielzüge zu unterrichten; dieses gilt sowohl für die vom Benutzer ausgeführten als auch für die vom Suchprozeß selbst vorgeschlagenen Züge. Bei der folgenden Beschreibung des Monitorprozesses wird anhand von Beispielen demonstriert, wie mit Hilfe des definierten Protokolls eine Kommunikation mit dem Suchprozeß abgewickelt werden kann.

Der Monitorprozeß

Der Monitor des Spernerspiels hat die Aufgabe, das Spielfeld sowie die ausgeführten Züge auf dem Bildschirm darzustellen und den Dialog mit dem Benutzer zu führen.

Vor Beginn des Spieles fordert der Monitor vom Benutzer einige Parameter wie z. B. die Seitenlänge des Spielbrettes oder die Tiefe der Suchbäume an. Im Verlauf des Spieles liest der Monitor einen Zug vom Benutzer ein oder stößt den Suchprozeß an, wenn dieser den nächsten Zug berechnen soll.

Für das Einlesen der Parameter und die Darstellung des Spielbrettes sowie der einzelnen Züge auf dem Bildschirm stehen die Prozeduren `Get.Params`, `Init.Screen`, `Get.Move` und `Display.Move` zur Verfügung (s. Anh. A.5). Unter Verwendung dieser Prozeduren ergibt sich z. B. für ein Spielbrett mit der Seitenlänge sechs ein Bildschirmaufbau, wie er in Abbildung 6.3 dargestellt ist.[2]

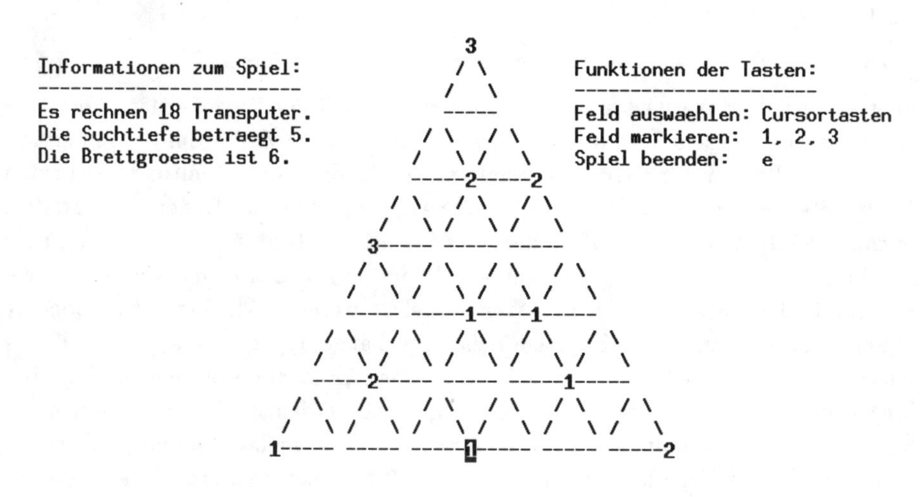

Abbildung 6.3: Darstellung des Spielfeldes auf dem Bildschirm

Vor Beginn des Spieles teilt der Monitor dem Suchprozeß durch Versenden der Nachricht

```
fp.broadcast; counter; INIT; 2 :: [boardsize, no.of.processors]
```

die aktuelle Seitenlänge des Spielbrettes (`boardsize`) mit. Der ebenfalls übertragene Wert `no.of.processors` wird bei der ersten sequentiellen Programmversion noch nicht ausgewertet – dieser Wert gibt später an, wieviele Prozessoren der Farm an der Suche beteiligt werden sollen. Generell sind alle vom Monitor verschickten sogenannten *Broadcast*-Nachrichten für alle Prozesse des Netzwerkes bestimmt.

[2] In unserem Spernerspiel werden aus Gründen der einfacheren Darstellung im Rechner nur „regelmäßig" triangulierte Spielfelder (vgl. auch Abb. 6.1) verwendet.

Durch sie können verschiedene Aktionen angestoßen oder auch nur Daten an alle Prozesse verteilt werden. In diesem Beispiel wird durch Übertragen der Kennung `INIT` darauf hingewiesen, daß der Empfänger der Botschaft eine Initialisierung seiner lokalen Daten durchführen soll – dieses ist im allgemeinen nur zu Beginn des Spieles notwendig. In der Variablen `counter` zählt der Monitor die von ihm verschickten Broadcast-Nachrichten, so daß jeder Broadcast eine eindeutige Nummer erhält. Es ist empfehlenswert, mit einem Zählerwert von null für die erste Nachricht zu beginnen.

Zur Durchführung einer Stellungsbewertung wird der Suchprozeß durch die Nachricht

```
fp.search; address; depth; nil; nil; 0 :: [nil.move]
```

aufgefordert. Der Wert `address` gibt später innerhalb der Prozessorfarm den Prozessor an, der diesen Suchauftrag durchführen soll. Da der Monitor immer mit dem ersten Prozeß der Farm kommuniziert, ist in den vom Monitor verschickten Nachrichten generell der Wert 0 für `address` empfehlenswert. `depth` zeigt dem Suchprozeß die gewünschte Tiefe des Suchbaumes an. Die nächsten beiden Daten der Nachricht sind im Moment nicht von Bedeutung und können wie oben angegeben mit den vordefinierten `nil`-Werten belegt werden. Als letzte Komponente dieser Botschaft kann eine Zugfolge beliebiger Länge angegeben werden, falls die Ausgangsstellung der Suche nicht mit der momentan lokal gespeicherten Spielstellung identisch ist, sondern erst aus ihr abgeleitet werden muß. Angenommen, im Suchprozeß ist die Stellung 1 aus Abbildung 6.2 als aktuelle Stellung gespeichert, es soll aber – aus Gründen, die in Abschnitt 6.2.1 ersichtlich werden – eine Bewertung des Suchbaumes mit 1.2 als Wurzel durchgeführt werden. Dieses kann man erreichen, indem in obiger Nachricht die leere Zugfolge `0 :: [nil.move]` durch `1 :: move.list` ersetzt wird, wobei der erste Eintrag in `move.list` entsprechend den Zug zur Erzeugung der Stellung 1.2 aus 1 enthält.

Das Ergebnis der Suche wird von der Prozedur `Minimax.Search` in Form der Nachricht

```
fp.result; dont.care; value; best.move
```

zurückgeschickt. Der erste der gelieferten Werte ist für den Monitor nicht von Interesse (`dont.care`), `value` gibt den berechneten Wert der Ausgangsstellung an und `best.move` bezeichnet einen Zug, mit dem dieser Wert erreicht werden kann. Jeder Zug ist durch ein Feld mit drei Komponenten, nämlich x- und y-Koordinate des zu markierenden Eckpunktes und dem Namen der anzubringenden Markierung, beschrieben. In Abbildung 6.2 würden z. B. `value` = 1 sowie in `best.move` eine Kodierung des Zuges, der zur Stellung 1.1 führt, als Ergebnis geliefert werden.

Nachdem ein Zug ausgewählt wurde, muß er wie oben beschrieben dem Suchprozeß explizit mitgeteilt werden, damit er in dessen interner Kopie des Spielbrettes eingetragen werden kann. Dieses geschieht durch eine Broadcast-Nachricht der Form

```
fp.broadcast; counter; NEXT.MOVE; 3 :: last.move.
```

Bei `last.move` handelt es sich wieder um ein Feld der Länge drei, das die Angaben zum letzten Zug enthält.

Das Terminieren des Suchprozesses nach Spielende erfolgt durch

```
fp.broadcast; counter; THE.END; 0 :: nil.data
```

6.1.4 Aufgabe

1. Entwickeln Sie ein Programm für das Spernerspiel, das wie oben beschrieben aus einem Monitor- und einem Suchprozeß besteht. Spielen Sie ein paar Partien, aber Vorsicht: Eine Stellungsbewertung durch den Minimax-Algorithmus mit einer Suchtiefe größer als vier ist bei einem Spielbrett mit einer Seitenlänge von mehr als fünf schon sehr zeitaufwendig!

6.2 Einsatz von Prozessorfarmen bei der Spielbaumsuche

6.2.1 Eine Idee zur Parallelisierung

Um einen Ansatz zur Parallelisierung der Spielbaumsuche zu erhalten, betrachten wir noch einmal den Suchbaum aus Abbildung 6.2. Der Wert der Ausgangsstellung 1 wird aus den Minimax-Werten aller Stellungen der ersten Suchbaumebene bestimmt. Da die Bewertung dieser Stellungen 1.1, 1.2 und 1.3 nach dem Minimax-Prinzip unabhängig voneinander erfolgen kann, liegt es nahe, die entsprechenden Unterbäume auch parallel auf mehreren Prozessoren zu untersuchen. Besitzt der gesamte Suchbaum die Tiefe t, so können die Knoten 1.1, 1.2 und 1.3 jeweils als Wurzeln separater Suchbäume der Tiefe $t-1$ aufgefaßt werden; damit ist zur Lösung dieser Teilaufgaben die schon bekannte Prozedur `Minimax.Search` anwendbar. Zusätzlich zu diesen Prozessen ist jetzt noch eine Prozedur `Minimax.Master` erforderlich, die erstens von der Ausgangsstellung des Suchbaumes (hier der Stelllung 1) alle Nachfolger erzeugt und diese an die Suchprozesse übergibt und zweitens die von dort erhaltenen Resultate zur Bewertung der Ausgangsstellung zusammenfaßt. In Abbildung 6.4 ist die Aufteilung der Suche des Beispieles auf vier verschiedene Prozesse – einen Master und drei Suchprozesse – dargestellt. Im unteren Bildteil sind die Teilbäume des Suchbaumes zusammengefaßt, die auf getrennten Prozessoren bearbeitet werden, während im oberen Teil des Bildes die Prozedur **Minimax.Master** angedeutet ist. Die Organisation des im Bild nur skizzierten Datenflusses zwischen den Prozessen ist Aufgabe der Prozessorfarm und wird im nächsten Abschnitt ausführlich beschrieben.

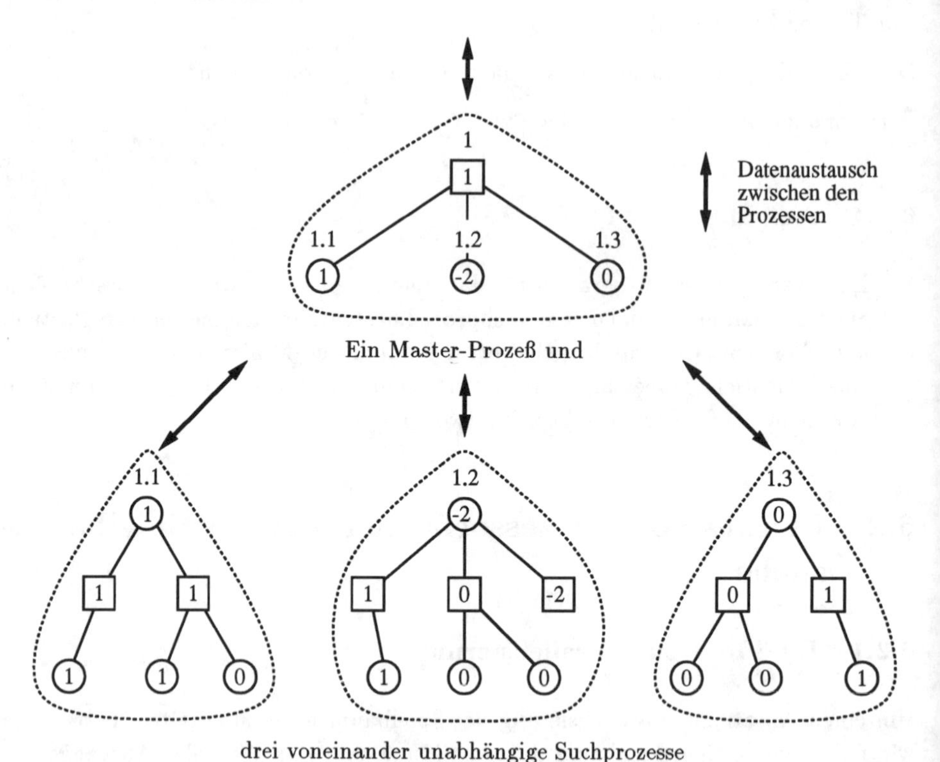

Abbildung 6.4: Verteilung der Spielbaumsuche auf vier Prozesse

6.2.2 Aufbau beliebiger Prozessorfarmen

Wie eingangs schon erwähnt, wird unter einer Prozessorfarm eine Anordnung von Prozessoren verstanden, die aus einem ausgezeichneten *Steuerprozeß* (er wird auch *Kontrollprozeß* oder *Master* genannt) und einer nicht näher festgelegten Anzahl von *Arbeitsprozessen* (auch kurz *Arbeiter* genannt) besteht, die vom Master beaufsichtigt und mit Rechenaufträgen versorgt werden. Hat der Steuerprozeß einen Auftrag zu vergeben, wählt er unter den zur Zeit nicht beschäftigten Arbeitern der Farm einen aus und schickt ihm den Auftrag zu. Dort erfolgt die vollständige Bearbeitung unabhängig von den Aufträgen der anderen Prozessoren. Erst nachdem das Ergebnis wieder beim Steuerprozessor eingetroffen ist, wird dieser Arbeiter bei der Vergabe weiterer Aufträge berücksichtigt.

Diese Form der Parallelverarbeitung erfordert keine bestimmte Verbindungsstruktur der Prozessoren untereinander. Die Topologie muß lediglich sicherstellen, daß mindestens ein Weg zwischen dem Steuer- und jedem Arbeitsprozeß existiert. Setzt man wieder schwach gekoppelte Multiprozessoren voraus, in denen jeder Prozessor nur eine feste, d. h. beschränkte Anzahl von Nachbarn besitzt, kann in der Regel nicht jeder Arbeiter direkt mit dem Master verbunden sein. Damit wird es notwendig, innerhalb des Netzwerkes ein Weiterreichen von Nachrichten (ein sogenanntes *Routing*) zwischen den Prozessoren zu organisieren. Dieses Routing, also die Abwicklung des Transportes von Botschaften zwischen Absender und Empfänger, ist wesentlicher Bestandteil der Prozessorfarm.

In vielen regelmäßig aufgebauten Topologien (z. B. mehrdimensionalen Gittern, vollständigen Binärbäumen, Würfeln, ...) läßt sich das Routing bei geeigneter Numerierung der Knoten relativ einfach realisieren. Wir wollen jedoch nicht von einer fest vorgegebenen Verschaltung ausgehen. Die zu implementierende Prozessorfarm soll vielmehr in der Lage sein, sich ohne Änderung des Algorithmus an jede Topologie anpassen und dort ein Routing durchführen zu können! Um außerdem die Kommunikationsbandbreite des Netzwerkes auszunutzen, soll das Routing möglichst viele Wege in den Nachrichtentransport einbeziehen und sich nicht nur auf die Kommunikation entlang der Kanten eines spannenden Baumes beschränken.

Zur Abwicklung des Routings läuft auf jedem Prozessor parallel zum Anwendungsprozeß (dem eigentlichen Arbeiter) noch ein *Routingprozeß* oder kurz *Router* ab. Er kontrolliert die Eingänge des Prozessors und schickt ankommende Nachrichten entweder innerhalb des Prozessors an den Anwendungsprozeß oder über einen geeigneten Ausgang in Richtung des Adressaten weiter. Ebenso muß der Router dafür sorgen, daß die vom Anwendungsprozeß produzierten Ergebnisse ihren Weg zurück zum Master finden.

Bei einer Implementierung des Routings sind drei Aspekte von besonderer Bedeutung:

1. Stellt das Routing sicher, daß beim Verschicken der Nachrichten keine Verklemmungen zwischen Prozessen auftreten können?

2. Ist sichergestellt, daß jede Nachricht jemals ihren Empfänger erreicht?

3. Welche Informationen benötigt jeder Prozeß zur Durchführung des Routings?

Diese drei Fragen werden am Beispiel der aus dem Master mit der Nummer 0 und den Arbeitprozessoren 1 bis 9 bestehenden Prozessorfarm diskutiert, deren Verbindungsstruktur in Abbildung 6.5 angegeben ist.

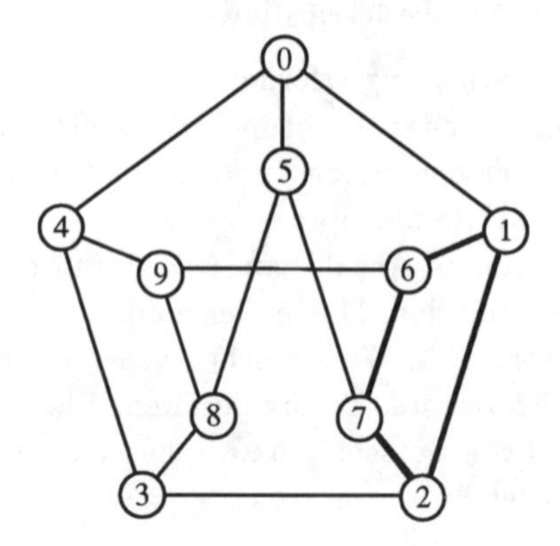

Abbildung 6.5: Ein Beispiel einer Prozessorfarm

Verklemmungsfreies Routing

Aufgrund der Allgemeinheit der für unsere Prozessorfarm zugelassenen Topologie können bei unachtsamer Programmierung zwischen den Routern der Prozessoren zyklische Abhängigkeiten während des Weiterreichens der Nachrichten und damit unbeabsichtigte Verklemmungen entstehen. Man betrachte in Abbildung 6.5 z. B. die folgende Situation:

> Der Router in Prozeß 1 möchte eine Nachricht an den Prozeß 2 weiterschicken; dieser ist jedoch nicht zum Empfang bereit, weil er gerade eine Botschaft an 7 versendet, die dieser aber im Moment noch nicht abnehmen kann, da er gerade etwas an 6 verschickt, der wiederum darauf wartet, daß 1 ihm eine Nachricht abnimmt. Dieses ist zur Zeit noch nicht möglich, denn der Router in Prozeß 1 möchte eine Nachricht an den Prozeß 2 weiterschicken; dieser ist jedoch nicht zum Empfang bereit ...

Damit ergibt sich eine Verklemmung der Prozesse 1, 2, 7 und 6. Ursache dafür ist letztlich das blockierende Sendeverhalten des Rendezvous-Konzeptes, das jeden sendewilligen Prozeß solange verzögert, bis der potentielle Empfänger zur Annahme der Nachricht bereit ist. Im obigen Beispiel ergab sich damit eine Konstellation, in der mehrere Prozesse zyklisch aufeinander warteten.

Dieses Mißgeschick kann behoben werden, wenn sichergestellt ist, daß das Absetzen von Nachrichten in jedem Router zu jeder Zeit möglich ist, indem z. B. an jedem

Ausgang ein Datenpuffer „ausreichender" Größe installiert wird. Da in unserem Fall die Anzahl der sich im Netzwerk befindlichen Suchaufträge bzw. Resultate nie größer als die Gesamtanzahl der Prozessoren sein kann, reicht es aus, für jeden der einzufügenden Puffer eine Größe entsprechend der Prozessorenanzahl vorzusehen. Damit kann auch im ungünstigsten Fall, wenn alle Nachrichten gleichzeitig denselben Prozessor passieren wollen, keine Verklemmungssituation auftreten.

Vermeidung von „Lifelocks"

Durch die Einführung von Puffern wurden die Deadlocks erfolgreich verhindert. Bei ungeschickter Organisation des Routings können jedoch sogenannte *Lifelocks* entstehen, in denen Nachrichten zwar ständig weitergeschickt werden, aber dennoch niemals ihren Bestimmungsort erreichen. Im Abbildung 6.5 kann solch ein Fall eintreten, wenn die Prozesse 1, 2, 7 und 6 eine für den Knoten 8 bestimmte Nachricht „im Kreis" weitergeben und sich darauf verlassen, daß die jeweils anderen Prozesse wissen, „wo es lang geht".

Dieses Problem läßt sich lösen, wenn Nachrichten grundsätzlich entlang eines kürzesten Weges zwischen zwei Prozessen verschickt werden. Durch jedes Weiterreichen verkürzt sich damit die Entfernung zum Empfänger, und jede Nachricht wird nach endlich vielen Schritten ihr Ziel erreichen.

Organisation des Routings

Zur Bestimmung des kürzesten Weges zu allen anderen Prozessoren benötigt jeder Prozessor eine Kenntnis von der Topologie der Prozessorfarm. Diese Information kann in der Initialisierungsphase der Prozessorfarm z. B. mit einem Echo-Algorithmus (vgl. Kapitel 5) bestimmt und in Form der Adjazenzmatrix A des Netzwerkgraphen notiert werden.[3] Aus A lassen sich mit Hilfe einfacher graphentheoretischer Algorithmen (vgl. z. B. [DM73]) für jeden Prozessor die Wege kürzester Länge zu allen anderen Prozessoren des Netzes ermitteln. So kann insbesondere festgestellt werden, welche direkten Nachbarn auf kürzesten Wegen zum Empfänger liegen; diese Information wird in der *Routingtabelle* jedes Prozessors gespeichert. Die Routingtabelle des Knotens 1 aus Abbildung 6.5 hat z. B. folgendes Aussehen:

[3] Zur Erinnerung: Die Adjazenzmatrix A eines Graphen mit n Knoten ist eine $n \times n$-Matrix, in der jedem Knoten eine Zeile und eine Spalte zugeordnet sind, so daß gilt:

$$A_{i,j} = \begin{cases} 1, & \text{falls Knoten } i \text{ und } j \text{ durch eine Kante verbunden sind;} \\ 0, & \text{sonst.} \end{cases}$$

Ziel	0	1	2	3	4	5	6	7	8	9
nächster Knoten	0	1	2	2	0	0	6	2,6	0,2,6	6

Dabei ist zu beachten, daß z. B. Knoten 3 von 1 aus auf einem eindeutig bestimmten kürzesten Weg über den Nachbarn 2 erreichbar ist. Dagegen gibt es zur Beförderung einer Nachricht von 1 nach 8 mehrere Wege minimaler Länge, die alternativ über 0, 2 oder 6 führen.

Damit ein Router seine Nachrichten auch über den richtigen Ausgang verschickt, verfügt er neben der Routingtabelle noch über eine *Nachbarschaftstabelle*, in der zu jedem seiner Ausgänge der Name des mit ihm verbundenen Nachbarn angegeben ist; diese Information läßt sich ebenfalls in der Initialisierungsphase durch den Echo-Algorithmus gewinnen.

In Programm 6.1 ist das Schema eines Routingprozesses angegeben. Jeder Router verfügt über ein Feld variabler Länge von Ein- bzw. Ausgabekanälen, sowie über die angesprochenen Routing- und Nachbarschaftstabellen. Innerhalb des Routers werden zwei Funktionen `route` und `address` benutzt; `route` ermittelt anhand der Routingtabelle zu jeder Adresse den Namen eines Prozessors, an den die Nachricht als nächstes zu schicken ist; `address` bestimmt dagegen mittels der Nachbarschaftstabelle zu jedem Namen eines Nachbarn die Nummer des Ausgabekanales, über den dieser erreicht wird.

```
PROC Router ([] CHAN OF farm.protocol in, out,
             VAL [] INT routing.tab, VAL [] INT neighbour.tab)
  ... INT FUNCTION route (destination)
  ... INT FUNCTION address (neighbour)
  SEQ
    ...
    WHILE running
      ALT i = 0 FOR SIZE in
        in [i] ? CASE
          fp.search; destination; d; a; b; len :: moves
            out [address (route (destination))] ! fp.search;
              destination; d; a; b; len :: moves
          ...
:
```

Programm 6.1: Aufbau eines Routingprozesses

6.2.3 Folgerungen für die Implementierung

Ist eine Aufgabe gegeben, die sich in Teilprobleme zerlegen läßt, die unabhängig voneinander auf verschiedenen Prozessoren gelöst und deren Teilresultate schließlich wieder zum Gesamtergebnis zusammengefaßt werden können, so bietet eine Prozessorfarm eine einfache Möglichkeit zur Parallelisierung, die für beliebige Verbindungstopologien und Anzahlen von Prozessoren skalierbar ist. Die Idee der Parallelisierung der Spielbaumsuche mit der Gliederung der Suche in einen `Minimax.Master` und mehrere unabhängige Prozesse `Minimax.Search` läßt sich einfach mit Hilfe einer solchen Farm umsetzen. Vor der eigentlichen Implementierung der Prozessorfarm soll das bisher in diesem Abschnitt Gesagte noch einmal zusammengefaßt und der Aufbau der zu implementierenden Steuer- und Arbeitsprozesse skizziert werden.

Aufbau des Steuerprozessors

Der Aufbau des Steuerprozessors der Prozessorfarm ist in Abbildung 6.6 schematisch dargestellt. Wenn der Minimax-Prozeß des Masters vom Monitor der Farm den Auftrag zur Bewertung einer Spielstellung erhält, erzeugt er alle Nachfolgestellungen und übergibt diese an den Administrator, der die Verwaltung der Farmprozessoren vornimmt. Der Administrator wählt für die Bearbeitung einen freien

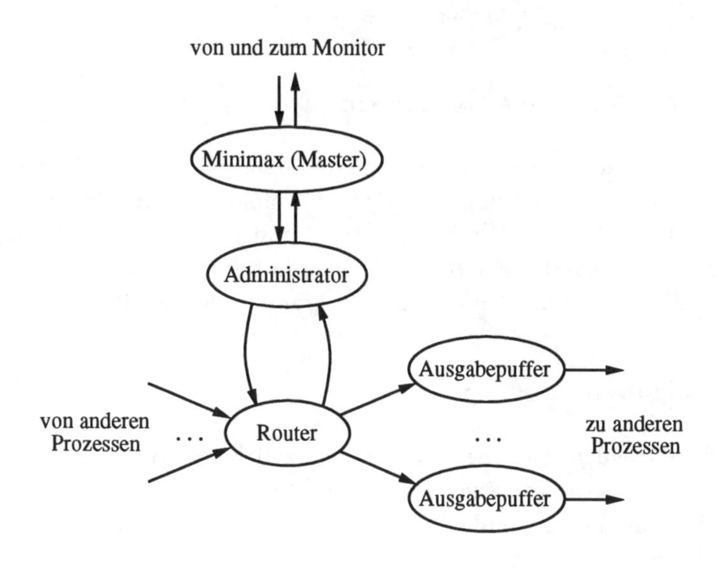

Abbildung 6.6: Schematischer Aufbau des Steuerprozessors

Prozessor der Farm aus und trägt dessen Namen in das Adreßfeld des Suchauftrages ein. Danach sucht sich die Nachricht über den Router und den nachgeschalteten Ausgabepuffer ihren Weg zum Empfänger, wo sie schließlich bearbeitet wird. Die Resultate gehen den umgekehrten Weg und werden, wenn sie schließlich den Router des Masters erreicht haben, über den Administrator zum Minimax-Prozeß des Steuerprozesses geleitet.

Aufbau der Arbeitsprozessoren

Jeder Arbeitsprozessor besteht aus den Komponenten Router, Ausgabepuffer sowie einem lokalen Minimax-Prozeß zur Spielbaumsuche. Der Router kontrolliert die bis zu vier[4] Ein- und Ausgänge von und zu anderen Prozessoren sowie die Verbindung zum Suchprozeß, so daß sich für die Arbeitsprozesse ein Aufbau nach Abbildung 6.7 ergibt.

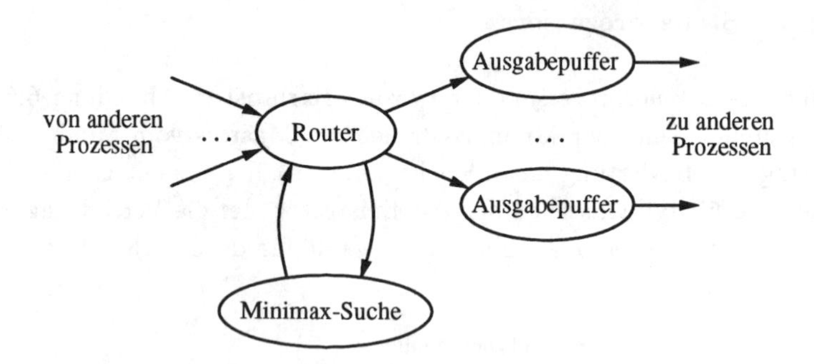

Abbildung 6.7: Aufbau eines Arbeitsprozessors

Der Steuerprozeß und die Arbeitsprozesse sind damit als Bausteine anzusehen, mit denen Prozessorfarmen beliebiger Größe und Topologie aufgebaut werden können. Die Information über die Verbindungsstruktur der aktuellen Farm ist nicht im Programm selbst kodiert, sondern wird in einer Initialisierungsphase z. B. mit einem Echo-Algorithmus erst zur Laufzeit des Programmes bestimmt.

6.2.4 Aufgaben

In den nun folgenden Aufgaben soll das sequentielle Spernerspiel-Programm aus Aufgabe 1 schrittweise zu einem parallelen Programm auf der Grundlage einer Prozessorfarm ausgebaut werden.

[4] Bei Verwendung von Transputern als Prozessorknoten.

2. Nehmen Sie zunächst zur Vereinfachung an, daß die Prozessoren der Farm in einer einfachen Kette verschaltet sind. Jedem Prozessor soll ferner die Gesamtanzahl der Prozessoren und seine Position innerhalb der Kette bekannt sein. Damit vereinfachen sich auch die Routing- und Adreßtabellen der Prozessoren, so daß Sie diese schon im Programmtext angeben können.

a) Implementieren Sie eine Prozedur `Administrator` für den Master der Prozessorfarm, die die Verwaltung der freien Prozessoren und die Arbeitsverteilung vornimmt. Gehen Sie davon aus, daß in unseren Farmen der Master stets mit der Nummer Null bezeichnet ist und die anderen Arbeitsprozessoren bei Eins beginnend fortlaufend numeriert werden. Können sich mit Ihrem `Administrator` Verklemmungen innerhalb des Masters ergeben?

b) Implementieren Sie nach dem Vorbild aus Programm 6.1 eine Prozedur `Router`, die das Weiterreichen von Nachrichten im Steuerprozessor und in den Arbeitsprozessoren übernimmt. Beachten Sie, daß in jeder Nachricht des Typs `fp.search`, `fp.result`, `fp.stat.request` und `fp.stat.data` entweder explizit oder implizit die Adresse des Empfängers enthalten ist. Bei Broadcast-Botschaften ist dagegen darauf zu achten, daß sie an *alle* Nachbarn eines Prozessors weitergereicht werden müssen (vgl. Beschreibung im Anh. A.4).

c) Überlegen Sie sich eine Realisierung für den Ausgabepuffer und programmieren Sie diesen.

d) Erweitern Sie Ihr Programm aus Aufgabe 1 zu einer kettenförmig verschalteten Prozessorfarm. Experimentieren Sie mit verschiedenen Prozessorenanzahlen.

e) Damit Sie nicht ständig selbst spielen müssen, modifizieren Sie Ihren Monitor, so daß er alle Spielzüge von der Prozessorfarm berechnen läßt.

***3.** Entwerfen Sie eine Prozedur `Inspect`, die in jedem Prozessor der Farm in einer Initialisierungsphase aufgerufen wird und mit Hilfe eines Echo-Algorithmus die Anzahl der Prozessoren sowie deren Verschaltung herausfindet. Als Resultat soll die Prozedur an jeden Prozessor die Adjazenzmatrix des Netzwerkgraphen und die Namen der an seine Links angeschlossenen Nachbarprozessoren liefern.

4. Heben Sie nun die Beschränkung Ihrer Prozessorfarm auf die Kettentopologie auf.

a) Erweitern Sie Ihr Programm um eine Initialisierungsphase, in der Sie die Prozedur `Inspect` aus Aufgabe 3 oder aus der Bibliothek `sperner.procs` (vgl. Anh. A.5) aufrufen und damit die Größe der Farm und die Adjazenzmatrix des Netzwerkgraphen bestimmen.

b) Implementieren Sie eine Prozedur, die anhand der Adjazenzmatrix in jedem Prozessor *einen* Weg minimaler Länge zu jedem anderen Prozessor des Netzwerkes bestimmt, und legen Sie diese Information in der Routingtabelle ab.

c) Testen Sie Ihr Programm zunächst wieder auf einer Kette und dann auf anderen Topologien, wie z. B. Ring, Baum oder Torus.

d) Funktioniert Ihr Programm auch für Topologien mit Mehrfachkanten zwischen zwei Prozessoren und bei Schlingen, d. h. Verbindungen eines Prozessors mit sich selbst?

***5.** Erweitern Sie die Routingtabelle, so daß dort *alle* Wege kürzester Länge aufgenommen werden. Welche Datenstruktur empfiehlt sich zur Speicherung der Routingtabelle? Passen Sie auch den Routingprozeß entsprechend an, damit er bei Bestehen mehrerer Wege zum Empfänger für jede Nachricht einen auswählt. Welche Auswahlstrategien erscheinen Ihnen hierfür sinnvoll?

6. In dieser Aufgabe sollen Sie versuchen nachzuweisen, daß bei zu kleinem Ausgabepuffer Verklemmungen auftreten können (vgl. Abschn. 6.2.2), indem Sie schrittweise die Größe der Puffer reduzieren. Treffen Sie dazu auch Maßnahmen, um die Anzahl der Botschaften, die gleichzeitg im Netz unterwegs sind, möglichst hoch zu halten. Ändern Sie daher die Auswahlstrategie des Administrators, so daß bevorzugt an Prozessoren mit „langen Wegen“ Aufträge vergeben werden, und lassen Sie alle Prozesse (auch die Puffer) mit niedriger Priorität ablaufen (also kein `PRI PAR` verwenden). Wählen Sie für das Spernerspiel eine geringe Suchtiefe (z. B. zwei), damit sich die Bearbeitungszeit pro Auftrag reduziert. Wenn eine Verklemmungssituation aufgetreten ist – dieses erkennen Sie z. B. daran, daß der Monitor keine Rückmeldung mehr von der Farm bekommt –, spüren Sie den zur Verklemmung führenden Kommunikationszyklus mit Hilfe des Debuggers auf.

7. Jetzt soll das Beschleunigungsverhalten des Minimax-Algorithmus auf einer Prozessorfarm untersucht werden.

a) Fügen Sie an geeigneter Stelle im Master und in den Arbeitsprozessoren einen Prozeß `Controller` ein, der in den Prozessoren die Rechenzeit jedes bearbeiteten Suchauftrages mißt. Sammeln Sie in einem Statistikfeld Daten über die minimale, maximale und durchschnittliche Zeit zur Bearbeitung der Suchaufträge, sowie die Summe aller Suchzeiten und die Gesamtanzahl aller im Prozessor durchgeführten Stellungsbewertungen. Erweitern Sie dann Ihren Monitorprozeß, so daß er nach Spielende mit Hilfe der Nachrichten `fp.stat.request` und `fp.stat.data` die lokalen Daten aller Prozessoren einsammelt und in tabellarischer Form auf dem Bildschirm ausgibt.

b) Erstellen Sie jetzt einen Monitor, der unter mehrfacher Verwendung der Prozedur `Get.Move` eine beliebige Spielstellung einliest. Für diese Ausgangsstellung lassen Sie dann auf der Prozessorfarm mit unterschiedlich vielen Arbeitsprozessoren und verschiedenen Suchtiefen den nächsten Zug berechnen. Ermitteln Sie anhand der Suchzeit des Masters für vergleichbare Suchparameter die mit Ihrer Prozessorfarm erreichte Beschleunigung. Hängt diese von der Topologie der Farm ab? Wie gut ist die Auslastung der Prozessoren? Wodurch wird diese bestimmt?

6.3 Modifikationen des Suchalgorithmus

Die im letzten Abschnitt implementierte Prozessorfarm zur Spielbaumsuche soll nun als Grundlage dienen, zwei Modifikationen des Suchalgorithmus auszuprobieren. Zuerst wird der Minimax-Algorithmus durch einen zumindest im sequentiellen Fall effizienteren Algorithmus ersetzt und die Auswirkung dieser Veränderung auf die Gesamtsuchzeit der Prozessorfarm untersucht. Anschließend soll noch eine Modifikation dieses neuen Algorithmus betrachtet werden, die in der vorliegenden Anwendung des Spernerspiels zu einer weiteren Verbesserung des Laufzeitverhaltens führt.

6.3.1 Der Alpha-Beta-Algorithmus

Betrachtet man den Suchbaum aus Abbildung 6.2 noch einmal genauer und nimmt dabei an, daß die Nachfolger jedes Knotens vom Minimax-Algorithmus wie im Bild jeweils in der Reihenfolge von links nach rechts untersucht werden, so stellt man folgendes fest: Nachdem die Bewertung des Knotens 1.2.1 abgeschlossen ist, bildet dessen Wert 1 eine obere Schranke für den vom Min-Knoten 1.2 erreichbaren Wert.[5] Damit kann die Stellung 1.2 aus der Sicht von Max nicht den Wert des Knotens 1.1 übertreffen, der ebenfalls mit 1 angegeben wurde. Folglich braucht man den Knoten 1.2 gar nicht genauer zu untersuchen und kann auf die Berechnung seiner restlichen Nachfolger verzichten.

Diese Beobachtung läßt sich verallgemeinern und führt zum sogenannten *Alpha-Beta-Algorithmus*. Der Alpha-Beta-Algorithmus nutzt die Werte schon berechne-

[5] Warum ist dieses so? Man beachte, daß ein Min-Knoten den Wert des Minimums der Nachfolger und ein Max-Knoten entsprechend das Maximum annimmt!

ter Suchbaumknoten aus, um für den gesuchten Wert jedes Knotens ein Intervall (das sogenannte *$\alpha\beta$-Fenster*) anzugeben, anhand dessen der Suchbaum an Stellen gestutzt werden kann, die auf die Bewertung der Wurzel keinen Einfluß mehr haben.

Der Wert von α (bzw. β) gibt dabei eine untere (bzw. obere) Schranke für die Bewertung einer Stellung an, den der Spieler Max (bzw. Min) im Verlauf der bisherigen Suche an anderer Stelle im Suchbaum schon erreichen kann. Aufgrund des Minimax-Prinzips versuchen Max und Min nun ihre Schranken nach oben bzw. unten zu verbessern; damit werden im Verlauf der Suche die $\alpha\beta$-Intervalle der noch nicht bewerteten Knoten verkleinert. Liefert ein Nachfolger eines Min-Knotens v einen Wert kleiner oder gleich α, so würde Min diesen Wert gerne für sich übernehmen und damit seine Schranke verbessern. Max braucht diesen Wert jedoch nicht zuzulassen, da er mit einer anderen Stellung schon den für sich günstigeren Wert α sicher hat. Somit steht jetzt schon fest, daß der Wert des Knotens v für die Bewertung der Ausgangsstellung nicht mehr in Frage kommt. Die weiteren Nachfolgestellungen von v brauchen also nicht mehr untersucht zu werden und können vom Suchbaum abgeschnitten werden – man spricht hier von einem *α-Cutoff*. Analog kann in einem Max-Knoten ein *β-Cutoff* auftreten, wenn der Wert eines Nachfolgers das $\alpha\beta$-Intervall nach oben übersteigt. Da zu Beginn der Suche keine Schranken für die Bewertung der Ausgangsstellung bekannt sind, wird das $\alpha\beta$-Fenster der Ausgangsstellung mit dem Intervall $(-\infty, +\infty)$ initialisiert. Eine ausführliche Beschreibung des $\alpha\beta$-Algorithmus ist z. B. in [Cam81, Pea85] zu finden.

In Abbildung 6.8 ist der vom Alpha-Beta-Algorithmus beschnittene Suchbaum aus Abbildung 6.2 einschließlich der Cutoff-Stellen skizziert. Statt der Nummer ist dort für jeden Knoten das $\alpha\beta$-Fenster angegeben, mit dem der zugehörige Unterbaum des Knotens untersucht wird. An dem Beispiel aus Abbildung 6.8 läßt sich auch leicht nachvollziehen, daß die Reihenfolge, in der die Knoten untersucht werden, für die Wirksamkeit des Algorithmus entscheidend ist: Würde man den zweiten Nachfolger der Wurzel zuerst berechnen, so könnten keine seiner Äste abgeschnitten werden, da in diesem Fall das $\alpha\beta$-Fenster noch nicht „schmal" genug ist. Der Alpha-Beta-Algorithmus wirkt also dann optimal, wenn die „besten" Züge einer Stellung zuerst untersucht werden und damit das $\alpha\beta$-Fenster für die Nachbarstellungen auf derselben Ebene so verengt wird, daß dort sofort nach der Bewertung eines Nachfolgers die Cutoffs durchgeführt werden können. Wird dagegen die beste Nachfolgestellung erst als letzte bewertet, kann der Fall eintreten, daß gar kein Cutoff möglich ist und der Alpha-Beta-Algorithmus genausoviele Stellungen wie der Minimax-Algorithmus untersuchen muß. Eine theoretische Analyse zeigt jedoch, daß mit dem Alpha-Beta-Algorithmus bei einer Gleichverteilung der Werte aller

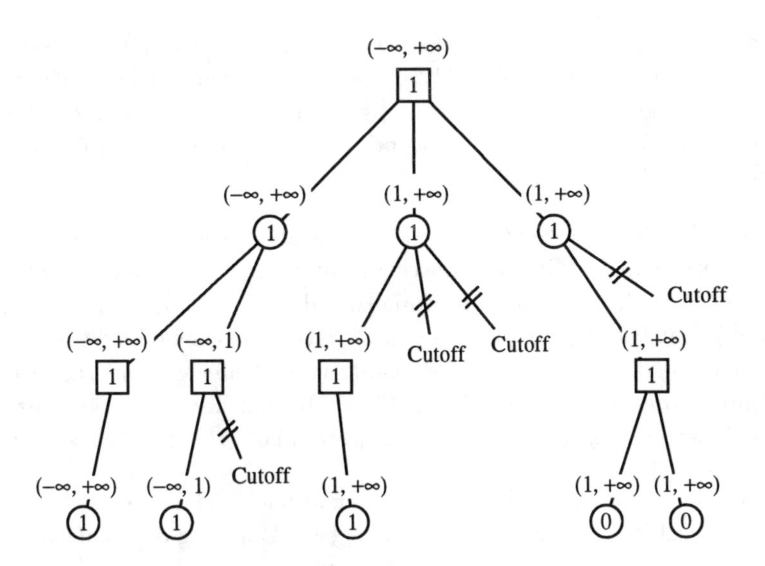

Abbildung 6.8: Ein vom Alpha-Beta-Algorithmus beschnittener Suchbaum

Nachfolger eine erhebliche Reduzierung des Suchaufwands erreicht werden kann – streng genommen gilt diese Aussage jedoch nur für einen sequentiellen Ablauf der Suche.

Wenn bei unserer Parallelisierung mehrere Stellungen gleichzeitig untersucht werden, kann der Fall eintreten, daß das $\alpha\beta$-Intervall für manche Stellungen breiter ist, als es bei der streng sequentiellen Abarbeitung wäre. Dieser Effekt führt dann gegenüber der nicht parallelisierten Version des Algorihtmus zu weniger Cutoffs. Werden z. B. in Abbildung 6.8 die beiden ersten Nachfolger der Wurzel parallel in der Prozessorfarm bewertet, so sind noch keine $\alpha\beta$-Schranken bekannt, und beide Stellungen müssen mit demselben Fenster $(-\infty, +\infty)$ untersucht werden. Für den zweiten Knoten bedeutet dieses im Vergleich zum sequentiellen Vorgehen eine Suche mit einem wesentlich breiteren Fenster, so daß hier weniger Cutoffs auftreten und damit die Bearbeitungszeit für diesen Knoten höher sein wird. Dennoch soll der Alpha-Beta-Algorithmus in die Prozessorfarm eingebaut und die auftretenden Effekte erklärt werden.

Aufgaben

***8.** Machen Sie sich die Funktion des Alpha-Beta-Algorithmus an selbst gewählten Beispielen klar, und vergleichen Sie den Ablauf mit dem des Minimax-Algorithmus. Spielen Sie den Algorithmus insbesondere an Beispielen durch, in denen im Suchbaum möglichst viele bzw. möglichst wenige Zweige abgeschnitten werden. Wieviele Blätter werden in einem Suchbaum der Tiefe k und dem regelmäßigen Verzweigungsgrad w vom Minimax-Algorithmus und vom Alpha-Beta-Algorithmus im optimalen, mittleren und schlechtesten Fall bewertet?

9. Ändern Sie Ihre Prozessorfarm, indem Sie im Steuerprozeß und in den Arbeitsprozessen die Minimax- durch entsprechende Alphabeta-Prozeduren ersetzen (diese Prozeduren sind ebenfalls in der Bibliothek `sperner.procs` enthalten). Zur Übertragung der α- und β-Werte verwenden Sie die innerhalb der `fp.search`-Nachricht bisher nicht benutzten Datenfelder. Ändern Sie auch Ihre Monitorprozesse dahingehend, daß Sie zu Beginn der Suche für α bzw. β die vordefinierten Werte `MINUS.INFINITY` resp. `PLUS.INFINITY` einsetzen.

a) Spielen Sie ein paar Partien, und versuchen Sie dabei festzustellen, ob im Vergleich zum Minimax-Algorithmus eine Änderung des Laufzeitverhaltens eintritt.

b) Untersuchen Sie nun wie in Aufgabe 7 die Bewertung einiger Stellungen durch Prozessorfarmen mit unterschiedlich vielen Prozessoren. Ergibt sich hier mit mehr Prozessoren immer eine Reduzierung der Gesamtlaufzeit? Erklären Sie Ihre Beobachtungen.

c) Vergleichen Sie schließlich das Zeit- und Beschleunigungsverhalten des parallelisierten Alpha-Beta-Algorithmus mit den Werten des Minimax-Algorithmus aus Aufgabe 7.

6.3.2 Schätzsuche

Die im Spernerspiel verwendete Bewertungsfunktion liefert genau dann einen Wert ungleich null, wenn im Suchbaum der Tiefe t einer der beiden Spieler innerhalb der nächsten t Züge einen Sieg erzwingen kann (in diesem Fall kündigt auch die Prozedur `Display.Move` bei der Darstellung des Zuges den „drohenden“ Gewinn oder Verlust an). In der Anfangsphase des Spieles ist das Brett jedoch nur „dünn“ mit Markierungen besetzt; jedem Spieler bleiben daher genügend Möglichkeiten, einem Verlust auszuweichen, so daß die Ausgangsstellung mit null bewertet wird. In diesem Fall würde es aber ausreichen, das $\alpha\beta$-Fenster zu Beginn der Suche mit $(-1, +1)$, also dem kleinsten Intervall, das den wahrscheinlichen Wert null enthält, zu initialisieren. Dieses würde den Vorteil bieten, daß die Suche gegenüber dem Fenster $(-\infty, +\infty)$ mit einem deutlich schmaleren Intervall begonnen wird und so mehr Angriffspunkte für Cutoffs bietet, aber dennoch das korrekte Ergebnis liefert. Genau dieses ist die Motivation für die sogenannte *Schätzsuche*.

Seien S ein Schätzwert für den Ausgang einer Stellungsbewertung und e ein erwarteter Fehler dieser Schätzung. Startet man den Alpha-Beta-Algorithmus mit dem Anfangsfenster $(S-e, S+e)$ statt $(-\infty, +\infty)$, so gibt es für den Ausgang dieser Suche in Abhängigkeit des exakten Wertes M folgende Möglichkeiten:

1. Falls $M \leq S-e$, so gilt Alphabeta $(S-e, S+e) \leq S-e$.

2. Falls $M \geq S+e$, so gilt Alphabeta $(S-e, S+e) \geq S+e$.

3. Falls $S-e < M < S+e$, so gilt Alphabeta $(S-e, S+e) = M$.

Im ersten bzw. zweiten Fall spricht man von einem *Suchunter-* resp. *-überlauf*. In beiden Fällen ist die Suche fehlgeschlagen und muß mit einem $\alpha\beta$-Fenster wiederholt werden, das den exakten Wert M echt enthält – ein passendes Fenster wäre z. B. $(-\infty, S-e+1)$ bei einem Unter- bzw. $(S+e-1, +\infty)$ bei Überlauf. Nur im dritten Fall wurde schon beim ersten Versuch der korrekte Wert der Stellung gefunden.

Diese Suchmethode bietet den Vorteil, daß bei einem guten Schätzwert nur die Teile des Suchbaumes untersucht werden müssen, die für eine Bestätigung des Schätzwertes notwendig sind und die anderen so früh wie möglich durch Cutoff abgeschnitten werden können. Wenn die Suche von Anfang an mit einem schmalen $\alpha\beta$-Fenster gestartet wird, ist im Gegensatz zum reinen Alpha-Beta-Algorithmus die Reihenfolge, in der die Nachfolger eines Knotens untersucht werden, nicht so entscheidend. Daher sollte sich die Schätzsuche auch gut für unsere Art der Parallelisierung eignen.

Für das Spernerspiel bieten sich ein Schätzwert $S = 0$ und ein erwarteter Fehler von $e = 1$ an. In der Anfangsphase des Spieles wird demnach auf Anhieb die korrekte Stellungsbewertung gefunden. Lediglich in der Schlußphase des Spieles tritt ein Suchüber- oder -unterlauf auf, und die Suche muß wiederholt werden. Da in diesem Fall aber das Spielbrett schon „dicht" besetzt ist, ist auch die Anzahl der möglichen Züge stark begrenzt und der Mehraufwand daher vertretbar.

Aufgaben

***10.** Modifizieren Sie den in der Prozessorfarm verwendeten Alpha-Beta-Algorithmus zur Schätzsuche. Experimentieren Sie mit verschiedenen Schätz- und Fehlerwerten.

***11.** Beobachten Sie das Laufzeitverhalten dieses Algorithmus, und vergleichen Sie es mit den Ergebnissen der Aufgaben 7 und 9.

***12.** Beurteilen Sie abschließend die drei Algorithmen Minimax-, Alpha-Beta- und Schätzsuche und ihre Anwendungsmöglichkeit für die durchgeführte Parallelisierung innerhalb der Prozessorfarm.

***13.** Versuchen Sie, eine Gewinnstrategie für das Spernerspiel zu entwickeln. Wann kann der Spieler, der den ersten Zug ausführt, auch den Gewinn der Partie erzwingen? Ein erfahrener Sperner-Spieler hat folgende Vermutung: Bei einer Spielbrettgröße von 3, 4 und 6 ist es für den zuerst ziehenden Spieler immer möglich, das Spiel zu gewinnen. Können Sie diese Vermutung bestätigen?

Zum Schluß seien noch einige ausgewählte Literaturhinweise zum Thema Spielbaum-Suchalgorithmen angeführt. In [Rei89] wird ein umfassender Überblick über sequentielle Spielbaum-Suchverfahren gegeben. Eine ausführliche Beschreibung und empirische Bewertungen des Alpha-Beta-Algorithmus und vieler daraus entstandener Varianten sowie Ansätze zur Parallelisierung von Algorithmen sind in [Cam81] zu finden. Die Parallelisierung eines anderen Suchverfahrens, das aufgrund seines Vorgehens schon inhärent parallele Ansätze in sich birgt – der sogenannte SSS*-Algorithmus –, wird im Hinblick auf die Anwendung im Schachspiel sehr ausführlich in der Arbeit [Kra90] untersucht.

Anhang A Bibliotheken

In den folgenden fünf Abschnitten werden die für das Praktikum eingerichteten Bibliotheken vorgestellt; die Überschriften der Abschnitte entsprechen den Namen der Bibliotheken. Der Inhalt der ersten drei Bibliotheken ist mehr allgemeiner Natur, während die letzten beiden speziell für die Bearbeitung der Aufgaben aus Kapitel 6 benötigt werden.

A.1 names

Vollständiger Pfadname: `/mtool/praktikum/names`[1]

In dieser Bibliothek sind folgende mnemonische Namen für die Linkadressen eines Transputers definiert:

1. Variante:

```
link0.out    link0.in
link1.out    link1.in
link2.out    link2.in
link3.out    link3.in
```

2. Variante:

```
LinkOut[0]   LinkIn[0]
LinkOut[1]   LinkIn[1]
LinkOut[2]   LinkIn[2]
LinkOut[3]   LinkIn[3]
```

A.2 iolib

Vollständiger Pfadname: `/mtool/praktikum/iolib`[2]

---

[1] names wird nur bei der Programmierung unter MultiTool/TDS benötigt.

[2] iolib kann nur unter MultiTool/TDS verwendet werden; mit dem Toolset sind die dort verfügbaren Ein-/Ausgabebibliotheken zu benutzen!

Die Bibliothek `iolib` stellt eine Erweiterung der Standardbibliothek `userio` (vgl. [INM90, Par89b]) dar. Alle dort enthaltenen Prozeduren stehen auch unter `iolib` zur Verfügung. Häufig benutzte Ein- und Ausgabeprozeduren können außerdem unter dem in der Bibliothek `terminal` (s. [Par89b]) angegebenen Namen aufgerufen werden. Des weiteren wurden einige Funktionen zur Behandlung von Bildschirm-Datenströmen – sie sind den in der Bibliothek `interf` (s. [INM90]) enthaltenen zum Teil ähnlich – sowie Prozeduren zur Ausgabe von Datenfeldern (Vektoren) aufgenommen.

Eine ausführliche Beschreibung der Prozeduren aus `userio` und `terminal` ist in den jeweiligen Handbüchern zu finden; im folgenden sind nur häufig verwendete Prozeduren sowie unsere Erweiterungen beschrieben.

get.int

```
PROC get.int (CHAN OF INT keyboard, CHAN OF ANY screen, INT int)
```

Diese Prozedur liest von der Tastatur einen Wert des Typs `INT` in die Variable `int` ein.

get.real32

```
PROC get.real32 (CHAN OF INT keyboard, CHAN OF ANY screen,
                 REAL32 real)
```

Diese Prozedur liest von der Tastatur einen rellen Zahlenwert in die Variable `real` ein.

get.key

```
PROC get.key (CHAN OF INT keyboard, BYTE byte)
```

Diese Prozedur liest ein Zeichen von der Tastatur ein und übergibt es als Bytewert an die Variable `byte`, ohne es auf dem Bildschirm auszugeben.

put.int

```
PROC put.int (CHAN OF ANY screen, VAL INT int, VAL INT length)
```

Diese Prozedur gibt den Wert der `INT`-Variablen `int` unter Berücksichtigung des Vorzeichens rechtsbündig in einem Bereich der Breite `length` auf dem Bildschirm aus. Reicht die vorgegebene Breite nicht aus, wird das Ausgabefeld so groß wie nötig gewählt.

put.int.vector

```
PROC put.int.vector (CHAN OF ANY screen, VAL [] INT vector,
                     VAL INT length)
```

Diese Prozedur gibt ein Feld mit Elementen des Datentyps `INT` auf dem Bildschirm aus. Der Parameter `length` gibt die Breite pro Feldelement an, die zur Ausgabe benutzt werden soll.

put.real32

```
PROC put.real32 (CHAN OF ANY screen, VAL REAL32 real,
                 VAL INT n, m)
```

Diese Prozedur gibt den Wert der `REAL32`-Variablen `real` mit `n` Stellen vor (einschließlich Vorzeichen) und `m` Stellen hinter dem Dezimalpunkt aus. Kann `real` in dem gewünschten Format nicht ausgedruckt werden, wird zur Ausgabe eine Exponentialdarstellung gewählt.

put.real32.vector

```
PROC put.real32.vector (CHAN OF ANY screen, VAL [] REAL32 vector,
                        VAL INT n, m)
```

Diese Prozedur gibt ein Feld mit den Elementen des Datentyps `REAL32` formatiert mit `n` Stellen vor und `m` Stellen hinter dem Dezimalpunkt auf dem Bildschirm aus.

type

```
PROC type (CHAN OF ANY screen, VAL [] BYTE string)
```

Diese Prozedur gibt die Zeichenkette `string`, beginnend an der aktuellen Position der Schreibmarke, auf dem Bildschirm aus.

print

```
PROC print (CHAN OF ANY screen, VAL [] BYTE string)
```

Diese Prozedur führt eine Zeilenschaltung durch und gibt anschließend die Zeichenkette `string` ab der ersten Spalte der nächsten Zeile aus.

newline

```
PROC newline (CHAN OF ANY screen)
```

Diese Prozedur führt eine Zeilenschaltung durch und positioniert die Schreibmarke in der ersten Spalte der nächsten Zeile.

clear

```
PROC clear (CHAN OF ANY screen)
```

Diese Prozedur löscht den Bildschirm und positioniert die Schreibmarke in der ersten Spalte der ersten Zeile.

screen.stream.copy

```
PROC screen.stream.copy (CHAN OF ANY in, out)
```

Diese Prozedur dient zum Kopieren eines für einen Bildschirm bestimmten Datenstromes vom Kanal `in` in den Kanal `out`. Sie terminiert, nachdem sie ein empfangenes Ende-Signal (s. Prozedur `close.stream`) weitergeschickt hat.

screen.stream.multiplex

```
PROC screen.stream.multiplex ([] CHAN OF ANY in, CHAN OF ANY out)
```

Diese Prozedur dient zum Multiplexen mehrerer Bildschirmkanäle `in[`*i*`]` auf einen Bildschirmausgang `out`. Sie terminiert, nachdem auf jedem der Eingabekanäle ein Ende-Signal (s. Prozedur `close.stream`) empfangen und dieses abschließend über den Ausgabekanal verschickt wurde.

screen.stream.split

```
PROC screen.stream.split (CHAN OF ANY in, out1, out2)
```

Diese Prozedur dupliziert den für einen Bildschirm bestimmten Datenstrom vom Kanal `in` auf die beiden Ausgabekanäle `out1` und `out2`. Sie terminiert, nachdem sie ein empfangenes Ende-Signal (s. Prozedur `close.stream`) über beide Kanäle weitergegeben hat.

screen.stream.to.fold

```
PROC screen.stream.to.fold (CHAN OF ANY in, from.uf, to.uf,
                            VAL [] BYTE fold.title, BOOL ok)
```

Diese Prozedur schreibt den auf dem Kanal `in` ankommenden Datenstrom in ein Fold mit dem Namen `fold.title` (mit Hilfe dieser Funktion kann die Bildschirmausgabe in ein Fold umgelenkt werden). Der Zugriff auf den sogenannten „User-Filer", der das Dateisystem und damit die Foldstruktur des Benutzers verwaltet, erfolgt über die Kanäle `from.uf` und `to.uf`. Die Prozedur terminiert, nachdem sie ein Ende-Signal (s. Prozedur `close.stream`) empfangen hat.

Hinweis: Diese Prozedur darf nur in einem `EXE`-Programm aufgerufen werden, da nur dort die benötigten Kanäle `from.user.filer[`*i*`]` und `to.user.filer[`*i*`]` standardmäßig zur Verfügung stehen – für *i* kann ein beliebiger Wert zwischen 0 und 3 gewählt werden. Das Ausgabefold wird als letzte Zeile in dem Fold, auf dem das `EXE` gestartet wurde, *neu* angelegt – dieses darf kein von MultiTool angelegtes Foldset sein! Die Variable `ok` wird genau dann auf `TRUE` gesetzt, wenn die Prozedur erfolgreich beendet wurde.

stream.to.screen.and.fold

```
PROC stream.to.screen.and.fold (CHAN OF ANY in, screen,
                                            from.uf, to.uf,
                                VAL [] BYTE fold.title, BOOL ok)
```

Diese Prozedur gibt den auf dem Kanal `in` ankommenden Datenstrom auf dem Bildschirm (`screen`) aus und schreibt ihn gleichzeitig in ein Fold mit dem Namen `fold.title` (zur Bedeutung der übrigen Parameter siehe Beschreibung der Prozedur `screen.stream.to.fold`). Die Prozedur terminiert, nachdem sie ein Ende-Signal (s. Prozedur `close.stream`) empfangen hat.

close.stream

```
PROC close.stream (CHAN OF ANY out)
```

Diese Prozedur dient zum Abschließen eines für einen Bildschirm bestimmten Datenstromes. Sie verschickt über den Kanal `out` ein Ende-Signal, das von den Prozeduren `screen.stream.copy`, `screen.stream.multiplex`, `screen.stream.split`, `screen.stream.to.fold` und `stream.to.screen.and.fold` zum Terminieren benötigt wird.

A.3 procs

Vollständige Pfadnamen: **/mtool/praktikum/procs** bzw.
/toolset/praktikum/procs

Diese Bibliothek stellt verschiedene Prozeduren zur Verfügung, die bei der Bearbeitung der Programmieraufgaben hilfreich sein können. Sie lassen sich jedoch auch ohne große Probleme selbst programmieren.

quicksort

```
PROC quicksort  ([] INT list)
```

Diese Prozedur sortiert ein Feld des Datentyps `INT` mit dem Verfahren Quicksort.

bubblesort

```
PROC bubblesort ([] INT list)
```

Diese Prozedur sortiert ein Feld des Datentyps `INT` mit dem Verfahren Bubblesort.

heapsort

```
PROC heapsort  ([] INT list)
```

Diese Prozedur sortiert ein Feld des Datentyps `INT` nach dem Bottom-Up-Heapsort-Verfahren (vgl. [Weg90]).

generate.int.vector

```
generate.int.vector ([] INT vector, VAL INT mode, max.v, INT32 seed)
```

Diese Prozedur belegt ein Feld mit nicht-negativen Werten des Datentyps `INT` in Abhängigkeit der übrigen Parameter.

Parameterbeschreibung:

- `vector` ist das Feld, das mit Werten belegt werden soll.
- `mode` gibt die Art des zu erzeugenden Vektors an:
  - `mode = 0`: Das Feld wird mit Pseudo-Zufallszahlen kleiner `max.v` belegt.

- `mode = 1`: Das Feld wird mit aufsteigenden Werten kleiner oder gleich `max.v` belegt.
- `mode = 2`: Das Feld wird mit absteigenden Werten (kleiner `max.v` und größer oder gleich null) belegt.
- `mode = 3`: Das Feld wird mit konstanten Werten (`max.v`) belegt.

- Werte von `max.v` ≤ 0 werden ignoriert. In diesem Fall wird `max.v` als `MOSTPOS INT` angenommen.
- `seed` initialisiert den Zufallszahlengenerator (`mode = 0`) und kann für den nächsten Aufruf der Prozedur verwendet werden. Wird `seed` mit dem gleichen Wert initialisiert, so wird `vector` auch mit der gleichen Zufallszahlenfolge belegt.

test.links

```
PROC test.links (CHAN OF ANY in0, out0, in1, out1,
                             in2, out2, in3, out3,
                 VAL INT not, VAL INT timeout.in.ms,
                 BOOL present0, present1, present2, present3)
```

Diese Prozedur versucht, über jedes Paar von Kanälen (`in0, out0`), (`in1, out1`) usw. eine Kommunikation abzuwickeln und so festzustellen, ob über die beiden Kanäle des Paares eine bidirektionale Verbindung zu einem anderen Prozeß besteht, auf dem ebenfalls `test.links` abläuft.

Parameterbeschreibung:

- (`in0, out0`) usw. bezeichnen Paare von bidirektionalen Kanälen (z. B. Links zwischen Transputern)
- `not` bezeichnet die Nummer eines Kanalpaares, für das kein Verbindungstest durchgeführt werden soll (z. B. die Verbindung des Masters zum Host in Kapitel 5). Sollen alle Kanäle getestet werden, so setzt man `not` $= -1$.
- `timeout.in.ms` gibt an, wie lange versucht werden soll, eine Kommunikation durchzuführen, bis eine Verbindung endgültig als nicht vorhanden angenommen wird (ein guter Wert ist `timeout.in.ms` $= 800$).
- `present`i wird genau dann auf `TRUE` gesetzt, wenn über das i-te Kanalpaar eine Kommunikation möglich war, dort also eine Verbindung zu einem anderen Prozeß besteht. Falls `not` einen Wert j im Bereich von 0 bis 3 besitzt, wird der entsprechende Parameter `present`j auf `FALSE` gesetzt.

Bemerkung: Nach Abschluß der Prozedur **test.links** sind alle Kanäle zurückgesetzt und kommunikationsbereit. Diese Prozedur läßt sich sowohl auf Hardware-Kanäle – also auf die Links eines Transputers – als auch auf Software-Kanäle innerhalb eines Prozessors anwenden.[3]

A.4 sperner.names

Vollständige Pfadnamen: **/mtool/praktikum/sperner.names** bzw.
/toolset/praktikum/sperner.names

Diese Bibliothek definiert die in den Programmieraufgaben des 6. Kapitels benötigten Konstanten und Protokolle.

Einige Konstanten

Für das Spernerspiel sind zunächst einige Maximalwerte vereinbart:

```
VAL max.boardsize  IS 10:        -- maximale Brettgroesse.
VAL max.depth      IS 10:        -- max. Tiefe des Suchbaumes.
VAL max.processors IS 64:        -- max. Anzahl von Prozessoren.
VAL max.stat       IS  5:        -- max. Anzahl von Statistik-
                                 -- daten.
VAL max.broadcast  IS  3:        -- max. Laenge des Datenfeldes
                                 -- in Broadcasts.
```

Als nächstes folgen Werte, die häufig für Standardbelegungen von Variablen verwendet werden:

```
VAL PLUS.INFINITY  IS  MOSTPOS INT:     -- Anfangswerte fuer die
VAL MINUS.INFINITY IS -PLUS.INFINITY:   -- Alpha-Beta-Suche.

VAL nil       IS -1:                    -- nil-Werte zur Initiali-
VAL nil.move IS [nil, nil, nil]:        -- sierung von Variablen.
VAL nil.data IS [nil]:
```

Außerdem steht eine Konstante zur Identifikation des Steuerprozessors zur Verfügung:

```
VAL master.id IS 0:                     -- Nummer des Masters der
                                        -- Prozessorfarm.
```

---

[3] Hinweis für Interessierte: Intern verwendet **test.links** die in den Standardbibliotheken (vgl. [INM90, Par89b, INM91]) enthaltene Prozedur **OutputOrFail.t**.

farm.protocol

Innerhalb der Prozessorfarm geschieht die Kommunikation zwischen den Prozessen nach dem Protokoll **farm.protocol** (die einzelnen Bestandteile dieses Protokolls sind durch den Präfix `fp.` gekennzeichnet):

```
PROTOCOL farm.protocol
  CASE
    fp.search;       INT; INT; INT; INT; INT :: [][3] INT
    fp.result;       INT; INT; [3] INT
    fp.stat.request; INT
    fp.stat.data;    INT; [max.stat] INT
    fp.broadcast;    INT; INT; INT :: [] INT
:
```

Die einzelnen Bestandteile haben folgende Bedeutungen:

fp.search kennzeichnet einen Suchauftrag für die Prozessorfarm. Die übertragenen Werte bezeichnen

- die Nummer des Prozessors, der die Suche (Stellungsbewertung) durchführen soll,
- die zu untersuchende Tiefe des Suchbaumes,
- Alpha- und
- Betawert zur Steuerung der Suche (diese Datenfelder werden nur vom Alpha-Beta-Algorithmus ausgewertet),
- eine (möglicherweise auch leere) Folge von Zügen, mit der die Ausgangsstellung der Suche aus dem aktuellen Spielbrett entsteht (jeder Zug wird durch das Tripel x-, y-Koordinate des Eckpunktes und dem Wert der zu setzenden Markierung beschrieben).

fp.result stellt das Resultat einer Stellungsbewertung dar und besteht aus

- der Nummer des Prozessors, der die Suche durchgeführt hat,
- dem berechneten Wert der Stellung und
- der Angabe eines nächsten Zuges, mit dem dieser Wert erreicht werden kann.

fp.stat.request fordert den Prozessor mit der angegebenen Nummer auf, ein Paket mit Statistikdaten an den Monitor zu schicken.

fp.stat.data überträgt die Statistikdaten eines Prozessors bestehend aus

- der Nummer des sendenden Prozessors und
- dessen Statistikdaten (welche Daten ein Prozeß liefern soll, ist implementierungsabhängig; siehe z. B. Kapitel 6, Aufgabe 7).

fp.broadcast kennzeichnet eine Nachricht des Monitors, die für *alle* Prozesse bestimmt ist. Broadcast-Meldungen bestehen aus

- einer fortlaufenden, vom Monitor vergebenen Nummer der Meldung (anhand dieser Nummer kann der Router jedes Prozessors entscheiden, ob dieselbe Nachricht evtl. mehrfach aus unterschiedlichen Richtungen eintrifft),
- einer näheren Bezeichnung der Nachricht – es werten die drei Arten `INIT`, `NEXT.MOVE` und `THE.END` unterschieden (s. u.) – und
- einem je nach Nachricht unterschiedlich langen Datenfeld.

Es sind drei Arten von Broadcast-Meldungen zugelassen:

`INIT` wird zu Beginn der Suche verschickt und veranlaßt eine Initialisierung des lokalen Spielbrettes jedes Prozesses. Dazu werden Daten übermittelt, bestehend aus der aktuellen Seitenlänge des Spielbrettes und der Anzahl der Farmprozessoren, die an den folgenden Suchläufen beteiligt werden sollen.

`NEXT.MOVE` bezeichnet den nächsten Zug, der in das lokal gespeicherte Spielfeld jedes Prozesses eingetragen werden muß und wieder als Feld der Länge drei (x-, y- Koordinate, Markierung) kodiert ist.

`THE.END` teilt den Prozessen das Ende des Programmes mit und veranlaßt ein geordnetes Terminieren aller Prozesse der Farm.

Die einzelnen Bezeichner für die Funktionen der Broadcast-Meldung sind wie folgt definiert:

```
VAL INIT      IS  0:
VAL NEXT.MOVE IS  1:
VAL THE.END   IS  2:
```

A.5 sperner.procs

Vollständige Pfadnamen: `/mtool/praktikum/sperner.procs` bzw.
`/toolset/praktikum/sperner.procs`

In dieser Bibliothek sind die zur Bearbeitung der Programmieraufgaben des 6. Kapitels benötigten Prozeduren enthalten.

Get.Params

```
PROC Get.Params (CHAN OF INT keyboard, CHAN OF ANY screen,
                 INT boardsize, tree.depth, BOOL user.starts)
```

Die Prozedur `Get.Params` erfragt vom Benutzer die Seitenlänge des Spielbrettes (`boardsize`), angegeben in Anzahl der Unterteilung jeder Spielbrettkante (vgl. z. B. Spielbrett der Größe sechs in Abb. 6.1), die vorgesehene Tiefe der Suchbäume (`tree.depth`) und setzt `user.starts` auf `TRUE`, wenn der Benutzer den ersten Spielzug ausführen möchte.

Init.Screen

```
PROC Init.Screen (CHAN OF ANY screen,
                  [max.boardsize][max.boardsize] INT board,
                  VAL INT boardsize, number.of.processors, depth)
```

Die Prozedur `Init.Screen` initialisiert das Spielbrett `board` für die aktuelle Spielfeldgröße `boardsize`, zeichnet das Spielfeld auf den Bildschirm und zeigt die Anzahl verwendeter Prozessoren sowie die Suchtiefe an. Außerdem werden in einer Ecke des Bildschirmes Informationen über die Funktionen einiger Tasten gegeben. Dieser Bildschirmaufbau sollte nicht überschrieben werden, da ein intaktes Bild von den Prozeduren `Display.Move` und `Get.Move` vorausgesetzt wird.

Display.Move

```
PROC Display.Move (CHAN OF INT keyboard, CHAN OF ANY screen,
                   [max.boardsize][max.boardsize] INT board,
                   VAL INT boardsize, value, VAL [3] INT move,
                   BOOL end)
```

Die Prozedur `Display.Move` stellt den von einem Suchalgorithmus mit dem Wert `value` bewerteten Zug `move` auf dem Bildschirm dar und trägt ihn in das Spielfeld `board`, das die aktuelle Seitenlänge `boardsize` besitzt, ein. Die Prozedur setzt voraus, daß auf dem Bildschirm noch das bisherige Spielbrett dargestellt ist und zeichnet nur den neuen Zug im Bild ein. Der Parameter `end` wird auf `TRUE` gesetzt, wenn der dargestellte Zug zu einer Gewinnstellung geführt hat – in diesem Fall ist die Taste `e` zum Beenden des Spieles zu drücken.

Get.Move

```
PROC Get.Move (CHAN OF INT keyboard, CHAN OF ANY screen,
               [max.boardsize][max.boardsize] INT board,
               VAL INT boardsize, [3] INT move,
               BOOL end)
```

Die Prozedur `Get.Move` liest den nächsten Zug des Benutzers ein, liefert ihn im Feld `move` zurück und trägt ihn gleichzeitig ins Spielbrett auf dem Bildschirm und in `board` ein (es ist ratsam, beim Prozeduraufruf in `move` die Koordinaten des zuletzt berechneten Zuges zu übergeben, damit der Cursor auf dieses Feld zeigt, bevor der Benutzer seinen Zug bestimmt). Die Eingabe des neuen Zuges erfolgt durch Wahl eines Punktes auf dem Spielbrett mit Hilfe der Cursortasten und Auswahl der Markierung durch Betätigen der Tasten `1`, `2` oder `3`. Der Zug wird in der Reihenfolge x-, y- Koordinate und Markierung dem Feld `move` zugewiesen – ein Verschicken des Zuges in die Prozessorfarm wird *nicht* durch diese Prozedur abgewickelt, sondern muß anschließend durch eine Broadcast-Meldung erfolgen. Statt der Eingabe eines Zuges kann die Prozedur durch Drücken der Taste `e` verlassen werden (dieses ist explizit auch nach Erreichen einer Gewinnstellung durch einen der beiden Spieler notwendig). In diesem Fall erhält die Variable `end` den Wert `TRUE`. Die Prozedur setzt voraus, daß bei ihrem Aufruf die Darstellung des bisherigen Spielbrettes noch auf dem Bildschirm vorhanden ist, da der neue Zug nur hinzugefügt wird und kein kompletter Neuaufbau des Bildes erfolgt.

Alphabeta.Master

```
PROC Alphabeta.Master (CHAN OF farm.protocol from.monitor, to.farm)
                                              to.monitor, from.farm)
```

Die Prozedur `Alphabeta.Master` realisiert den Teil der parallelisierten Spielbaumsuche nach dem Alpha-Beta-Algorithmus, der im Steuerprozessor der Prozessorfarm abläuft. Die Zugerzeugung innerhalb des Suchbaumes geschieht auf der Grundlage eines lokal gespeicherten Spielbrettes. Vor der Bearbeitung des ersten Suchauftrages ist eine Initialisierung und nach jedem durchgeführten Zug eine Aktualisierung des internen Spielbrettes mit Hilfe der Broadcast-Meldungen durchzuführen.

Jede Stellungsbewertung wird durch Empfang eines Suchauftrages

```
fp.search; address; depth; alpha; beta; length :: move.list
```

über den Kanal `from.monitor` eingeleitet. Das Datenfeld `address` ist für diesen Prozeß ohne Bedeutung; `depth` bestimmt die Tiefe des Suchbaumes; `alpha` und `beta` legen das $\alpha\beta$-Fenster fest. Als Ausgangsstellung der Suche wird die Stellung angenommen, die sich aus der Belegung des lokal gespeicherten Spielbrettes nach Ausführung der ersten `length` Züge aus der Liste `move.list` ergibt (vgl. auch Beschreibung in Abschn. 6.1.3). Die Prozedur generiert für diese Ausgangsstellung alle Nachfolgestellungen und versendet für sie entsprechende Suchaufträge über den Kanal `to.farm` an die Prozessorfarm. Über `from.farm` werden die Resultate zurückerwartet und zu der Bewertung der Ausgangsstellung zusammengesetzt, die schließlich in Form einer Nachricht

```
fp.result; address; value; best.move
```

über den Kanal `to.monitor` zurückgeschickt wird.

Der Prozeß terminiert nach dem Erhalt einer Broadcast-Nachricht mit dem Inhalt `THE.END`, sobald er diese Nachricht in Richtung der Farm weitergeschickt hat (vgl. Beschreibung der Nachricht `fp.broadcast` in Anh. A.4).

Alle hier nicht erwähnten Nachrichten, für die keine Verarbeitung im Prozeß selbst stattfindet, werden entsprechend ihrer Datenflußrichtung (von `from.monitor` nach `to.farm` oder umgekehrt) unverändert weitergeschickt; gleiches gilt für die Weitergabe der Broadcast-Meldungen.

Alphabeta.Search

```
PROC Alphabeta.Search (CHAN OF farm.protocol in, out)
```

Die Prozedur `Alphabeta.Search` realisiert eine Spielbaumsuche nach dem Alpha-Beta-Algorithmus. Die Zugerzeugung innerhalb des Suchbaumes geschieht auf der Grundlage eines lokal gespeicherten Spielbrettes. Vor der Bearbeitung des ersten Suchauftrages ist eine Initialisierung und nach jedem durchgeführten Zug eine Aktualisierung des internen Spielbrettes mit Hilfe der Broadcast-Meldungen durchzuführen.

Jede Suche wird durch Empfang eines Suchauftrages

```
fp.search; address; depth; alpha; beta; length :: move.list
```

gestartet. Das Datenfeld `address` gibt die Adresse des Auftrages – also den Namen des Zielprozessors – an, wird aber unter der Annahme, daß das Routing funktioniert hat, innerhalb der Prozedur selbst nicht mehr ausgewertet. Die Werte `depth`, `alpha` und `beta` sowie die ersten `length` Einträge der Liste `move.list` steuern die aktuelle Suche (vgl. Beschreibung der Prozedur `Alphabeta.Master`). Das Suchergebnis wird in Form der Nachricht

```
fp.result; address; value; best.move
```

zurückgeschickt.

Der Prozeß terminiert nach dem Erhalt einer Broadcast-Nachricht mit dem Inhalt `THE.END` (vgl. Beschreibung der Nachricht `fp.broadcast` in Anh. A.4).

Achtung: An `Alphabeta.Search` dürfen nur Nachrichten der Form `fp.search` und `fp.broadcast` geschickt werden, ansonsten ist das Verhalten der Prozedur nicht definiert!

Minimax.Master

```
PROC Minimax.Master (CHAN OF farm.protocol from.monitor, to.farm,
                                          to.monitor, from.farm)
```

Die Funktionalität der Prozedur `Minimax.Master` entspricht der der Prozedur `Alphabeta.Master`, mit der Ausnahme, daß hier statt des Alpha-Beta-Algorithmus das reine Minimax-Prinzip zur Bewertung eines Suchbaumes herangezogen wird und entsprechend die Datenfelder `alpha` und `beta` innerhalb der Nachricht `fp.search` nicht beachtet werden.

Minimax.Search

```
PROC Minimax.Search (CHAN OF farm.protocol in, out)
```

Die Funktionalität der Prozedur `Minimax.Search` entspricht der der Prozedur `Alphabeta.Search`, mit der Ausnahme, daß hier statt des Alpha-Beta-Algorithmus das reine Minimax-Prinzip zur Bewertung eines Suchbaumes herangezogen wird und entsprechend die Datenfelder `alpha` und `beta` innerhalb der Nachricht `fp.search` nicht beachtet werden.

Inspect

```
PROC Inspect (CHAN OF ANY in0, out0, in1, out1,
                          in2, out2, in3, out3,
              VAL INT my.id, [][] BOOL A,
              [] INT address.list, INT number.of.procs)
```

Diese Prozedur ist Bestandteil des verteilten Echo-Algorithmus zur Bestimmung der Netzwerktopologie und muß auf allen Prozessoren der Prozessorfarm gleichzeitig ablaufen. Die Kanäle `in0`, `out0` usw. bezeichnen jeweils ein Paar von Kanälen

– also einen Link des Transputers – zu einem anderen Prozessor. Mehrfachverbindungen zwischen zwei Prozessoren und Verbindungen zweier Links eines Prozessors sind ausdrücklich zugelassen. Über `my.id` kann sich jeder Prozeß identifizieren; dabei ist die Zahl Null dem Master der Prozessorfarm und Initiator des Echo-Algorithmus vorbehalten, die anderen Prozessoren sind fortlaufend bei Eins beginnend numeriert. Ohne damit die Allgemeinheit der Farm einzuschränken, wird ferner vorausgesetzt, daß das Kanalpaar `in0`, `out0` des Masters *nicht* innerhalb der Farm, sondern mit dem Monitorprozeß verbunden ist (diese Voraussetzung läßt sich immer durch Umgruppieren der Kanäle erreichen)!

Als Resultat liefert die Prozedur:

1. Die Adjazenzmatrix des Netzwerkgraphen der Prozessorfarm; die Komponente `A [i][j]` dieser Matrix ist genau dann auf `TRUE` gesetzt, wenn die Prozessoren `i` und `j` durch zwei unidirektionale Kanäle miteinander verbunden sind.

2. Eine Adressenliste mit vier Einträgen, für die gilt:

$$\texttt{address.list [i]} = \begin{cases} \texttt{p}, & \text{falls über das } \texttt{i}\text{-te Kanalpaar der} \\ & \text{Prozessor } \texttt{p} \text{ angeschlossen ist;} \\ \texttt{nil}, & \text{sonst.} \end{cases}$$

3. Die Anzahl der im Netzwerk vorhandenen Transputer (`number.of.procs`) einschließlich des Masters. Daraus kann der Steuerprozessor der Farm entnehmen, wieviele Prozessoren er im Netz zu verwalten hat; in den Arbeitsprozessoren wird diese Information in der Regel nicht benötigt.

4. Der Master verschickt nach Abschluß des Algorithmus über den Kanal `out0` die Anzahl der Prozessoren (`number.of.procs`) an den Monitor. Durch diese Nachricht wird der Monitor über die Größe der Farm informiert, oder er kann bei einem Ausbleiben der Nachricht erkennen, daß die Farm (noch) nicht bereit ist.

Anhang B Tastenkombinationen für MultiTool an Sun-Workstations

Delete Word Right Delete Right **[F9]**

Page up Line up **[R1]**	Move Line Pick Line **[R2]**	Page down Line Down **[R3]**
Enter Fold Open Fold **[R4]**	Copy Line Copy Pick **[R5]**	Exit Fold Close Fold **[R6]**
Restore Line Start Of Line **[R7]**	Top Of Fold Up **[R8]**	Delete Line End Of Line **[R9]**
Word Left Left **[R10]**	File/Unfile Fold Put Pick **[R11]**	Word Right Right **[R12]**
Refresh Func **[R13]**	Bottom Of Fold Down **[R14]**	Remove Fold Create Fold **[R15]**

Obere Funktionen: Erst `FUNC`-Taste drücken, loslassen und dann die Taste mit der entsprechenden Funktion drücken.

Andere Tastenkombinationen mit [FUNC]

FUNC	**B**	Browse	**FUNC**	**I**	Code Information
FUNC	**CA**	Clear All	**FUNC**	**L**	Autoload
FUNC	**CE**	Clear EXE	**FUNC**	**M**	Call Macro
FUNC	**CU**	Clear UTIL	**FUNC**	**P**	Put
FUNC	**D**	Define Macro	**FUNC**	**Q**	Quit
FUNC	**E**	Next EXE	**FUNC**	**R**	Run EXE
FUNC	**F**	Fold Info	**FUNC**	**T**	Enter Toolkit
FUNC	**G**	Get Code	**FUNC**	**U**	Next UTIL
FUNC	**H**	Help	**FUNC**	**0 - 9**	Execute Utility

Tastenkombinationen mit ESC

ESC-Taste, gefolgt von zwei Buchstaben:

Cursor bewegen		**Edieren**		**Fold-Handling**	
up	UP			open fold	OP
down	DN	delete char	DC	close fold	CL
left	LE	delete back	DB	enter fold	EN
right	RI	delete to EOL	DE	exit fold	EX
word left	WL	delete line	DL	create fold	CR
word right	WR	undelete line	UL	remove fold	RE
line up	LU	move line	MO	file fold	FF
line down	LD	copy line	CO	fold info	FI
start line	SL	pick line	PI		
end line	EL	copy pick	CP	**Makros**	
start fold	SF	put pick	PP	define macro	DM
end fold	EF			call macro	CM

Code-Handling		Sonstiges	
get code	GE		
autoload	AL		
code info	CI	refresh	ESC ESC
next EXE	NE	browse	BR
next UTIL	NU	setup	SE
clear EXE	CE	parameters	
clear UTIL	CU	select	SP
clear all	CA	parameters	
run EXE	RU	help	HE
function 0	F0	quit	QU
...	...		
function 9	F9		

Kommandos von MultiTool nach Bereichen geordnet

Bewegen der Schreibmarke

Kommando	Taste	[FUNC] +	ESC +
[CURSOR UP]	↑	—	UP
[CURSOR DOWN]	↓	—	DN
[CURSOR LEFT]	←	—	LE
[CURSOR RIGHT]	→	—	RI
[START OF LINE]	R7	—	SL
[END OF LINE]	R9	—	EL
[WORD LEFT]	—	←	WL
[WORD RIGHT]	—	→	WR

Blättern im Fold

Kommando	Taste	[FUNC] +	ESC +
[TOP OF FOLD]	—	↑	SF
[BOTTOM OF FOLD]	—	↓	EF
[LINE UP]	R1	—	LU
[LINE DOWN]	R3	—	LD
[PAGE UP]	—	R1	PU
[PAGE DOWN]	—	R3	PD

Fold-Handhabung

Kommando	Taste	[FUNC] +	ESC +
[ENTER FOLD]	—	R4	EN
[EXIT FOLD]	—	R6	EX
[OPEN FOLD]	R4	—	OP
[CLOSE FOLD]	R6	—	CL
[CREATE FOLD]	R15	—	CR
[REMOVE FOLD]	—	R15	RE
[FILE/UNFILE FOLD]	—	R11	FF
[FOLD INFO]	—	F	FI
[BROWSE]	—	B	BR

Einfügen und Löschen

Kommando	Taste	[FUNC] +	ESC +
[RETURN]	RETURN	—	—
[DELETE]	DELETE	—	DB
[DELETE RIGHT]	F9	—	DC
[DELETE WORD LEFT]	—	DELETE	—
[DELETE WORD RIGHT]	—	F9	—
[DELETE TO EOL]	—	—	DE
[DELETE LINE]	—	R9	DL
[RESTORE LINE]	—	R7	UL

Kopieren und Verschieben von Zeilen

Kommando	Taste	[FUNC] +	ESC +
[MOVE LINE]	—	R2	MO
[COPY LINE]	—	R5	CO
[PICK LINE]	R2	—	PI
[COPY PICK]	R5	—	CP
[PUT]	R11	P	PP

Makros Definieren und Aufrufen

Kommando	Taste	[FUNC] +	ESC +
[DEFINE MACRO]	—	D	DM
[CALL MACRO]	—	M	CM

Programmverwaltung

Kommando	Taste	[FUNC] +	ESC +
[GET CODE]	—	G	GE
[AUTOLOAD]	—	L	AL
[CODE INFO]	—	I	CI
[NEXT EXE]	—	E	NE
[NEXT UTIL]	—	U	NU
[CLEAR EXE]	—	CE	CE
[CLEAR UTIL]	—	CU	CU
[CLEAR ALL]	—	CA	CA
[RUN EXE]	—	R	RU
[EXECUTE UTIL] 0 ... 9	—	0 ... 9	F0 ... F9

Sonstiges

Kommando	Taste	[FUNC] +	ESC +
[HELP]	—	H	HE
[REFRESH]	—	[FUNC]	ESC
[ENTER TOOLKIT]	—	T	—
[SETUP PARAMETERS]	—	S	SE
[SELECT PARAMETERS]	TAB	—	SP
[ABORT EXE]	Ctrl. K	—	—
	Ctrl. C	—	—
[SET ABORT FLAG]	Ctrl. A	—	—
[SUSPEND MULTITOOL]	Ctrl. Z	—	—
[QUIT] bzw. [FINISH]	—	Q	QU

Anhang C Tastenkombinationen für MultiTool an VT100-Terminals

<table>
<tr><td>Del. Word Right
Delete Right

[PF 1]</td><td>—
Del. to EOLine

[PF 2]</td><td>Undelete Line
Delete Line

[PF 3]</td><td>—
(Un-)File Fold

[PF 4]</td></tr>
<tr><td>Enter Fold
Open Fold

[7]</td><td>—
Line Up

[8]</td><td>Top Of Fold
Page Up

[9]</td><td>Exit Fold
Close Fold

[—]</td></tr>
<tr><td>—
Start Of Line

[4]</td><td>Pick Line
Move Line

[5]</td><td>Copy Pick
Copy Line

[6]</td><td>—
End Of Line

[,]</td></tr>
<tr><td>—
—

[1]</td><td>—
Line Down

[2]</td><td>Bottom Of Fold
Page Down

[3]</td><td rowspan="2">Remove Fold
Create Fold

[Enter]</td></tr>
<tr><td colspan="2">Refresh
Func

[0]</td><td>—
Put

[.]</td></tr>
</table>

Obere Funktionen: Erst `FUNC`-Taste drücken, loslassen und dann die Taste mit der entsprechenden Funktion drücken.

Andere Tastenkombinationen mit [FUNC]

Siehe Tastenkombinationen für MultiTool an Sun-Workstations.

Tastenkombinationen mit ESC

Siehe Tastenkombinationen für MultiTool an Sun-Workstations.

Kommandos von MultiTool nach Bereichen geordnet

Vergleiche Tastenkombinationen für MultiTool an Sun-Workstations.

Anhang D Prozeduren des Sperenerspiels

In diesem Anhang sind die Programmtexte der in der Bibliothek `sperner.procs` enthaltenen Prozeduren abgedruckt. Vor der Angabe der Prozeduren und der dafür geringfügig erweiterten Bibliothek `sperner.names` wird kurz auf die interne Darstellung des Spielbrettes und die Implementierung der rekursiv definierten Prozeduren für die Minimax- und Alpha-Beta-Suche eingegangen.

D.1 Bemerkungen zur Implementierung

Diese Bemerkungen dienen dazu, das Verstehen des eigentlichen Programmtextes zu erleichtern, indem einige der bei der Programmierung umgesetzten Ideen vorab ausführlicher erläutert werden.

Repräsentation des Spielfeldes

Als Spielfeld sind nur „gleichmäßig" triangulierte Dreiecke (vgl. Abb. 6.1) zugelassen. Die interne Repräsentation des Spielbrettes für das Sperenerspiel kann damit durch ein quadratisches Feld mit Elementen des Datentyps `INT` erfolgen, in dem nur der Teil oberhalb der Hauptdiagonalen benutzt wird. Für den Test, ob eine gesetzte Markierung eines Eckpunktes zu einer Gewinnstellung geführt hat, ist es notwendig, alle sechs Teildreiecke in der Umgebung des Eckpunktes zu betrachten. Um diesen Test einheitlich auch für Punkte auf den Rändern des Spielbrettes durchführen zu können, wird das Brett um Randstreifen erweitert, die geeignet vorbesetzt sind. Die Konstante `max.playing.area` bezeichnet dann die maximal zulässige Seitenlänge des Spielbrettes, während `max.boardsize` die entsprechende Größe des Spielfeldes einschließlich der Randstreifen angibt. Somit wird das Spielfeld `board` definiert als `[max.boardsize] [max.boardsize] INT board`, wobei die erlaubten Eckpunkte (x, y) nur im Bereich $1 \leq y \leq x \leq$ `max.playing.area` $+ 1$ angesiedelt sind.

Für jeden Eintrag in das Spielfeld sind die Werte 0, 1, 2 oder 4 mit den folgenden

Bedeutungen zugelassen:

$$\texttt{board [i][j]} = \begin{cases} 0 \;\; (= \texttt{EMPTY}), & \text{Ecke } \texttt{[i][j]} \text{ ist noch nicht markiert;} \\ 1 \;\; (= \texttt{ONE}), & \text{Ecke } \texttt{[i][j]} \text{ ist mit 1 markiert;} \\ 2 \;\; (= \texttt{TWO}), & \text{Ecke } \texttt{[i][j]} \text{ ist mit 2 markiert;} \\ 4 \;\; (= \texttt{THREE}), & \text{Ecke } \texttt{[i][j]} \text{ ist mit 3 markiert.} \end{cases}$$

Die Kodierung der Markierungen als 2er-Potenzen vereinfacht den Test auf das Vorhandensein eines Gewinndreickes – in diesem Fall ergibt die Summe über die Einträge der Eckpunkte genau 7.

Implementierung der Suchalgorithmen

In den Abschnitten 6.1.2 und 6.3.1 wurde nur die prinzipielle Arbeitsweise der Minimax- bzw. Alpha-Beta-Suche skizziert. Auf die Algorithmen selbst soll jetzt näher eingegangen werden; Programm D.1 zeigt den Minimax-Algorithmus in einer „Pseudo-Code"-Notation.

In dieser Formulierung stört, daß ähnlicher Programmtext für Min- und Max-Knoten vorhanden ist. Dieses Manko läßt sich beheben, wenn man jeden Knoten generell aus der Sicht des am Zug befindlichen Spielers bewertet und berücksichtigt, daß die Bewertungen einer Stellung aus der Sicht von Max und Min sich gerade im Vorzeichen unterscheiden. Somit entsteht aus dem Minimax- der einfacher zu programmierende *Negamax*-Algorithmus, indem in jedem Knoten das Maximum aus den negierten Werten der Nachfolger bestimmt wird. Der Negamax-Algorithmus ist in Programm D.2 abgedruckt.[1] Entsprechend läßt sich auch der Alpha-Beta-Algorithmus in einer Negamax-Version beschreiben (vgl. Prog. D.3)

Die rekursive Formulierung der Suchalgorithmen kann in Occam, das keine rekursiven Prozeduraufrufe zuläßt, übernommen werden, wenn man jeden rekursiven Prozeduraufruf als einen selbständigen Prozeß modelliert, der genau eine Rekursionsebene – und damit die Knoten einer Ebene des Suchbaumes – bearbeitet und nebenläufig mit den Prozessen aller anderen Rekursionsebenen abläuft. Die Parameterübergabe zwischen rekursiven Prozeduraufrufen wird durch Kommunikation zwischen Prozessen benachbarter Ebenen abgewickelt. Hat ein Prozeß eine Stellung zu bearbeiten, die er selbst nicht bewerten kann, da es sich nicht um ein Blatt des Suchbaumes handelt, sendet er entsprechende Aufträge zur Bearbeitung der Nachfolgestellungen an den Prozeß der nachfolgenden Rekursionsebene, der ebenso entscheidet, ob er die Aufgabe selbst löst oder einen weiteren Prozeß daran beteiligt.

[1] Man mache sich den Unterschied zwischen Minimax- und Negamax-Verfahren klar und vollziehe an Beispielen die korrekte Arbeitsweise nach!

```
Minimax (POSITION p, BOOL type)
-- Bewertung der Stellung p nach dem Minimax-Prinzip.
  INT best, act:
  IF leaf (p)
    THEN
      -- fuer Blaetter die Bewertungsfunktion aufrufen.
      return (value (p))
    ELSE
      -- Suchbaum weiter vertiefen
      IF  type = max
        THEN
          -- Max-Knoten
          best := MINUS.INFINITY
          SEQ i = 0 FOR no.of.successors (p)
            -- rekursiv den i-ten Nachfolger p.i von p bewerten.
            act := Minimax (p.i, NOT type)
            -- testen, ob sein Wert am besten ist.
            IF act > best THEN best := act
        ELSE
          -- Min-Knoten
          best := PLUS.INFINITY
          SEQ i = 0 FOR no.of.successors (p)
            -- rekursiv den i-ten Nachfolger p.i von p bewerten.
            act := Minimax (p.i, NOT type)
            -- testen, ob sein Wert am besten ist.
            IF act < best THEN best := act
      return (best)
:
```

Programm D.1: Der Minimax-Algorithmus

Beschränkt man sich auf Suchbäume einer maximalen Tiefe, so können die Suchalgorithmen in Occam als eine „Rekursionskette" einer festen Länge implementiert werden. In der Prozessorfarm wird die Rekursionskette in mehrere parallel ablaufende Teilketten (in den Arbeitsprozessoren) zerlegt, die von einem gemeinsamen Glied (im Steuerprozessor) mit Daten versorgt werden. Diese Idee ist schematisch in Abbildung D.1 dargestellt. Als Grundbaustein zum Aufbau der Rekursionskette dient der Prozeß `Negamax` (bzw. `Alphabeta` im Alpha-Beta-Algorithmus), aus dem die Prozesse `Minimax.Search` und `Minimax.Master` (bzw. `Alphabeta.Search` und `Alphabeta.Master`) aufgebaut werden.

```
Negamax (POSITION p)
-- Bewertung der Stellung p nach dem Negamax-Prinzip.
  INT best, act:
  IF leaf (p)
    THEN
      -- fuer Blaetter die Bewertungsfunktion aufrufen.
      return (value (p))
    ELSE
      -- Suchbaum weiter vertiefen
      best := MINUS.INFINITY
      SEQ i = 0 FOR no.of.successors (p)
        -- rekursiv den i-ten Nachfolger p.i von p bewerten.
        act := - Negamax (p.i)
        -- testen, ob sein Wert am besten ist.
        IF act > best THEN best := act
      return (best)
:
```

Programm D.2: Der Negamax-Algorithmus

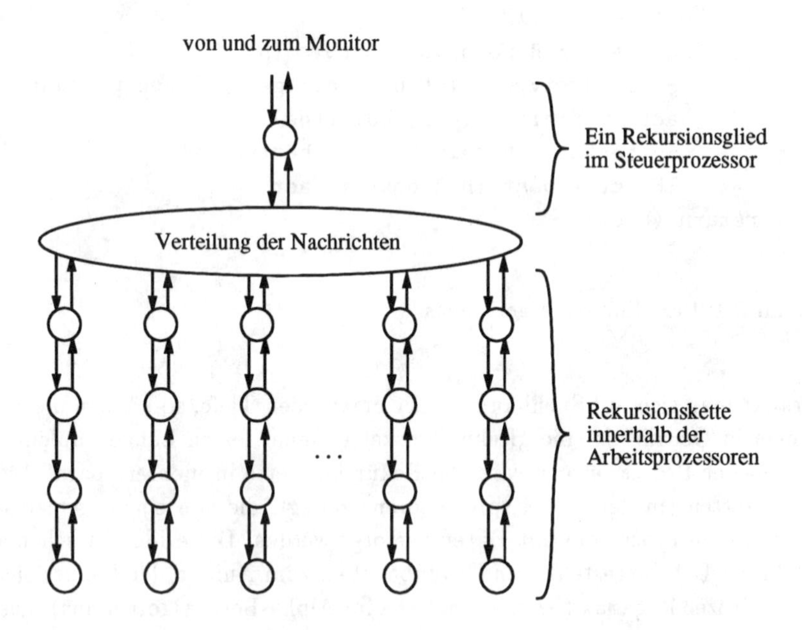

Abbildung D.1: Verteilung der Rekursionsketten über die Prozessorfarm

```
AlphaBeta (POSITION p, INT alpha, beta)
-- Bewertung der Stellung p nach dem Alpha-Beta-Verfahren
-- mit dem Fenster (alpha, beta).
  INT best, act:
  IF leaf (p)
    THEN
      -- fuer Blaetter die Bewertungsfunktion aufrufen.
      return (value (p))
    ELSE
      -- Suchbaum weiter vertiefen
      best := alpha
      SEQ i = 0 FOR no.of.successors (p)
        -- rekursiv den i-ten Nachfolger p.i von p bewerten.
        act := - AlphaBeta (p.i, -beta, -best)
        -- testen, ob sein Wert am besten ist.
        IF act > best THEN best := act
        -- testen, ob Cutoff aufgetreten ist.
        IF best >= beta THEN return (best)
      return (best)
:
```

Programm D.3: Der Alpha-Beta-Algorithmus (Negamax-Version)

D.2 Erweiterte Bibliothek sperner.names

In dem folgenden Abdruck sind gegenüber der für die Benutzer gedachten Bibliothek aus Anhang A.4 einige Erweiterungen enthalten, die bei der Formulierung der Prozeduren aus sperner.procs nützlich sind:

```
{{{ Einige Konstanten
VAL INT max.processors IS 64:  -- Maximale Anzahl von Prozessoren
--
VAL INT max.playing.area IS 7: -- Max. Seitenlaenge des Spielbretts
VAL INT max.boardsize  IS max.playing.area + (2 + 1):
                               -- Max. Seitenlaenge des Spielfeldes
VAL INT max.depth IS 10:       -- Maximale Tiefe eines Suchbaumes
--
VAL max.stat       IS  5:      -- Max. Anzahl von Statistikdaten
VAL max.broadcast IS  3:       -- Max. Datengroesse eines Broadcasts
--
VAL nil IS -1:
```

```
VAL nil.move IS [nil, nil, nil]:
VAL nil.data IS [nil]:
--
VAL master.id IS 0:
--
VAL PLUS.INFINITY  IS MOSTPOS INT:
VAL MINUS.INFINITY IS -PLUS.INFINITY:
VAL UNKNOWN IS MOSTNEG INT:
}}}
{{{  Konstanten zum Belegen des Spielbrettes
VAL INT EMPTY IS 0:  -- Aus programmiertechnischen Gruenden werden
VAL INT ONE   IS 1:  -- hier Potenzen von 2 verwendet.
VAL INT TWO   IS 2:
VAL INT THREE IS 4:
}}}
{{{  PROTOCOL farm.protocol
PROTOCOL farm.protocol
  CASE
    fp.search; INT; INT; INT; INT; INT :: [][3]INT
    fp.result; INT; INT; [3] INT
    fp.stat.request; INT
    fp.stat.data; INT; [max.stat] INT
    fp.broadcast; INT; INT; INT :: [] INT
:
-- Kennungen fuer den fp.broadcast
VAL INIT      IS 0:  -- Prozessor initialisieren
VAL NEXT.MOVE IS 1:  -- Zug bekanntgeben
VAL THE.END   IS 2:  -- Programm beenden
}}}
{{{  PROTOCOL Generate.Collect
-- Internes Protokoll fuer die Zugerzeugung
PROTOCOL Generate.Collect
  CASE
    GC.data; [3] INT   -- Tag fuer einen erzeugten Zug
    GC.end             -- Fertig. Ende der Zugerzeugung
:
}}}
{{{  Konstanten fuer den Bildschirmaufbau
VAL INT MIDDLE   IS 40:    -- Mittelpunkt des Spielfelds
VAL INT T.WIDTH  IS  5:    -- Breite eines Dreiecks in Zeichen
```

```
VAL INT T.HEIGHT IS  2:     -- Hoehe eines Dreiecks in Zeichen
}}}
```

D.3 Quelltext der Prozeduren

Auch im Programmtext der Prozeduren ist aus Gründen einer besseren Lesbarkeit die Fold-Struktur übernommen worden. Kommentare wurden auf ein Minimum beschränkt, da anhand der gewählten Bezeichner die Bedeutung der Prozeduren und Variablen in den meisten Fällen ohne weitere Erläuterungen deutlich werden sollte. Für das Verständnis der Prozeduren wird eine „gewisse" Vertrautheit mit der Programmiersprache Occam vorausgesetzt.

Einige Hilfsprozeduren

```
{{{  Clear.Board
PROC Clear.Board ([][] INT board, VAL INT size)
  {{{  COMMENT
  Die Prozedur loescht das uebergebene Spielfeld und initialisiert
  die Ecken mit den entsprechenden Werten fuer das Spernerspiel.
  }}}
  INT i, j:
  SEQ
    SEQ i = 0 FOR size + 3
      SEQ j = 0 FOR size + 3
        board [i][j] := EMPTY
    board [1][1]           := THREE
    board [1][size+1]      := ONE
    board [size+1][size+1] := TWO
:
}}}
{{{  Code / Decode
INT FUNCTION Code (VAL INT i)
  {{{  COMMENT
  Die Funktion "Code" kodiert eine zu setzende Markierung.
          i            Code(i)
          1              1
          2              2
          3              4
        sonst            0
```

```
  }}}
  INT r:
  VALOF
    IF
      i = 1
        r := ONE
      i = 2
        r := TWO
      i = 3
        r := THREE
      TRUE
        r := EMPTY
    RESULT r
:
INT FUNCTION Decode (VAL INT i)
  {{{  COMMENT
  Diese Funktion kehrt die Funktion "Code" um.
  }}}
  INT r:
  VALOF
    IF
      i = ONE
        r := 1
      i = TWO
        r := 2
      i = THREE
        r := 3
      TRUE
        r := i
    RESULT r
:
}}}
{{{  Valid
BOOL FUNCTION Valid (VAL INT x, y, number, size) IS
  {{{  COMMENT
  Diese Funktion liefert den Wert TRUE, wenn es erlaubt ist, auf
  das Feld (x, y) die Markierung "number" zu setzen. Diese Pruefung
  betrifft nur die Randfelder. Sie ueberprueft nicht, ob das Feld
  noch frei ist.
  }}}
```

```
  (NOT ((((x=1) AND (number=2)) OR
         ((x=y) AND (number=1))) OR
        ((y=size) AND (number=3)))):
}}}
{{{  Winning.Triangle
BOOL FUNCTION Winning.Triangle (VAL INT x, y,
              VAL [max.boardsize][max.boardsize] INT board)
  {{{  COMMENT
  Diese Funktion gibt TRUE zurueck, wenn der Punkt (x, y) in einem
  Gewinndreieck enthalten ist.
  }}}
  {{{  Konstanten zur Berechnung der Eckensumme eines Dreiecks.
  VAL [] INT d.x IS [-1, 0, 1, 1, 0, -1, -1]:
  VAL [] INT d.y IS [-1, -1, 0, 1, 1, 0, -1]:
  }}}
  BOOL win:
  VALOF
    IF
      IF i = 0 FOR 6
        (((board [x][y]+                           -- Summe bilden
           board [x+d.x[i]][y+d.y[i]])+
          board [x+d.x[i+1]][y+d.y[i+1]]) = 7)  -- und testen
          win := TRUE
      TRUE
        win := FALSE
    RESULT win
:
}}}
{{{  Value
INT FUNCTION Value (VAL [][] INT board,
                    VAL INT x, y, level, max.level)
  {{{  COMMENT
  Diese Funktion bewertet die Qualitaet eines Gewinndreiecks
  (Bewertungsfunktion der Suche).
  }}}
  INT result:
  VALOF
    IF
      Winning.Triangle (x, y, board)
        result := (level - max.level)
```

```
      TRUE
        result := 0
    RESULT result
:
}}}
{{{  Output.Guard
PROC Output.Guard (CHAN OF farm.protocol in, out,
                   CHAN OF BOOL request)
  {{{  COMMENT
  Diese Prozedur realisiert einen Puffer, der jede Eingabe
  explizit ueber den Kanal "request" anfordert (das ist
  nuetzlich, um Verklemmungen beim Verschicken von Nachrichten
  zu vermeiden).
  }}}
  [max.depth][3] INT move:
  BOOL ready:
  INT p, n, a, b, d:
  SEQ
    ready := FALSE
    WHILE NOT ready
      SEQ
        request ! TRUE -- Signal zur Anforderung neuer Daten
        in ? CASE fp.search; p; d; a; b; n :: move
        IF
          {{{  fertig
          p = nil
            ready := TRUE
          }}}
          {{{  sonst
          TRUE
            out ! fp.search; p; d; a; b; n :: move
          }}}
:
}}}
```

Suchalgorithmen

```
{{{  Generate
PROC Generate (CHAN OF Generate.Collect data.channel,
               VAL INT boardsize, VAL [][] INT board)
```

```
  {{{ COMMENT
  Diese Prozedur sucht das Spielbrett nach allen moeglichen Zuegen
  ab und gibt diese ueber den Kanal "data.channel" aus (eine etwas
  'schoenere' Verteilung der Zuege wird erreicht, wenn mit der
  Suche der freien Felder nicht in der Ecke (1, 1), sondern an der
  Position des letzten Zuges begonnen wird [Programm als Uebung]).
  }}}
  INT nr:
  SEQ
    SEQ y = 1 FOR boardsize + 1      -- Das ganze Brett abklappern
      SEQ x = 1 FOR y
        SEQ number = 1 FOR 3
          IF
            (board [x][y] = EMPTY) AND -- freies Feld gefunden ?
            Valid (x, y, number, boardsize + 1)
              SEQ
                {{{ number kodieren
                nr := Code (number)
                }}}
                {{{ Zugfolge abschicken
                data.channel ! GC.data; [x, y, nr]
                }}}
            TRUE
              SKIP
    data.channel ! GC.end
:
}}}
{{{ Alphabeta
PROC Alphabeta (CHAN OF farm.protocol from.top, to.bott,
                CHAN OF farm.protocol to.top, from.bott,
                VAL BOOL last)
  {{{ COMMENT
  Diese Prozedur realisiert den Alpha-Beta-Algorithmus in Form
  einer Stufe der Rekursionskette.
  (Hinweis: Diese Prozedur kann auch als Suchprozedur "Negamax"
  verwendet werden, wenn innerhalb der Prozedur "Collect" die
  gekennzeichneten Aenderungen durchgefuehrt werden)
  }}}
  {{{ PROC Collect
  PROC Collect (CHAN OF farm.protocol to.bott, CHAN OF BOOL task.ok,
```

```
            CHAN OF farm.protocol from.bott,
            CHAN OF Generate.Collect data.channel, INT last.len,
            [][3] INT last.move, [3] INT best.move,
            INT best.value, VAL INT depth, alpha, beta)
{{{ COMMENT
Diese Prozedur erhaelt ueber den Kanal "data.channel" Spiel-
zuege fuer die aktuelle Stellung, schickt diese zur Bewertung
ueber den Kanal "to.bott" weiter und empfaengt die Berechnungs-
ergebnisse ueber "from.bott". Sie entscheidet nach dem Alpha-
Beta-Prinzip, welches Ergebnis am besten ist und speichert
dieses in den Parametern "best.value" und "best.move".
}}}
{{{ lokale Variablen
[3] INT result:
INT quality, dummy, expected:
BOOL generating, may.send, alpha.beta.cutoff, any:
}}}
SEQ
  {{{ Initialisierungen
  generating := TRUE
  may.send := FALSE
  expected := 0
  {{{ Werte initialisieren (Alphabeta)
  best.value := alpha
  alpha.beta.cutoff := FALSE
  }}}
  {{{ COMMENT Werte initialisieren (Negamax)
  best.value := MINUS.INFINITY
  alpha.beta.cutoff := FALSE -- bei Negamax gibts keine Cutoffs
  }}}
  }}}
  WHILE ((expected > 0) OR generating)
    ALT
      {{{ from.bott ?
      from.bott ? CASE
        fp.result; dummy; quality; result
          SEQ
            quality := -quality          -- Negamax-Schritt
            expected := expected - 1
            {{{ entscheiden, ob Erg. gut oder schlecht ist
```

```
        IF
          quality > best.value
            SEQ -- aktueller Zug ist der beste
              best.value := quality
              best.move := result
          TRUE
            SKIP
        {{{  Alpha-Beta-Cutoff?
        -- dieser Teil einfaellt beim reinen Negamax!
        IF
          {{{  cutoff
          best.value >= beta
            alpha.beta.cutoff := TRUE
          }}}
          {{{  sonst
          TRUE
            SKIP
          }}}
        }}}
        }}}
  }}}
  {{{  may.send & data.channel ?
  may.send & data.channel ? CASE
    GC.data; last.move [last.len]
      IF
        alpha.beta.cutoff  -- Bei Negamax immer FALSE
          SKIP
        TRUE
          PAR
            to.bott ! fp.search; 0; depth;
                      0  MINUS beta; 0 MINUS best.value;
                      -- -beta; -best.value;
                      (last.len + 1) :: last.move
            SEQ
              expected := expected + 1
              may.send := FALSE
    GC.end
      SEQ
        generating := FALSE
        -- Ende mitteilen
```

```
                to.bott ! fp.search; nil; nil; nil; nil;
                                         0 :: [[nil, nil, nil]]
            }}}
            {{{  task.ok ? any
            task.ok ? any
              may.send := TRUE
            }}}
    :
    }}}
    [max.stat] INT stat.data:
    [max.boardsize][max.boardsize] INT  board:
    [max.depth][3] INT last.move:
    [3] INT best.move:
    BOOL ready:
    INT no.procs, boardsize, processor, depth, alpha, beta, value:
    -- fuer Broadcast
    INT no, work, len:
    [max.broadcast] INT data:
    SEQ
      ready := FALSE
      WHILE NOT ready
        from.top ? CASE
          {{{  fp.search
          fp.search; processor; depth; alpha; beta; len :: last.move
            SEQ
              {{{  alte Zuege in "board" eintragen
              SEQ i = 0 FOR len
                board [last.move[i][0]][last.move[i][1]] :=
                  last.move [i][2]
              }}}
              {{{  gegebenenfalls neue Zuege erzeugen
              IF
                len > 0
                  VAL x IS last.move [len - 1][0]:
                  VAL y IS last.move [len - 1][1]:
                  value := Value (board, x, y, len, max.depth)
                TRUE
                  value := 0
              IF
                {{{  neue Zuege erzeugen
```

```
      (value = 0) AND (depth > 0) AND (len < max.depth)
        {{{  lokale Kanaele
        CHAN OF Generate.Collect data.chan:
        CHAN OF farm.protocol Collect.to.Guard:
        CHAN OF BOOL Guard.to.Collect:
        }}}
        SEQ
          PAR
            Generate (data.chan, boardsize, board)
            Output.Guard (Collect.to.Guard, to.bott,
                          Guard.to.Collect)
            Collect (Collect.to.Guard, Guard.to.Collect,
                     from.bott, data.chan, len, last.move,
                     best.move, value, depth - 1,
                     alpha, beta)
          to.top ! fp.result; processor; value; best.move
      }}}
      {{{  es wurde schon gewonnen oder Tiefe erreicht
      TRUE
        to.top ! fp.result; processor; value; last.move [0]
      }}}
    }}}
    {{{  alte Zuege aus "board" austragen
    SEQ i = 0 FOR len
      board [last.move [i][0]][last.move [i][1]] := EMPTY
    }}}
}}}
{{{  fp.broadcast
fp.broadcast; no; work; len :: data
  PAR
    {{{  Signal weitergeben
    IF
      NOT last
        to.bott ! fp.broadcast; no; work; len :: data
      TRUE
        SKIP
    }}}
    {{{  Signal bearbeiten
    CASE work
      {{{  INIT
```

```
            INIT
              SEQ
                boardsize, no.procs := data [0], data [1]
                Clear.Board (board, boardsize)
            }}}
            {{{  NEXT.MOVE
            NEXT.MOVE
              VAL move IS [data FROM 0 FOR 3]:
              board [move[0]][move[1]] := move [2]
            }}}
            {{{  THE.END
            THE.END
              ready := TRUE
            }}}
          }}}
      }}}
      {{{  fp.stat.request
      fp.stat.request; no
        IF
          NOT last
            SEQ
              to.bott ! fp.stat.request; no
              from.bott ? CASE fp.stat.data; no; stat.data
              to.top ! fp.stat.data; no; stat.data
          TRUE
            SKIP
      }}}
      {{{  fp.stat.data
      fp.stat.data; no; stat.data
        STOP -- sollte nicht auftreten
      }}}
:
}}}
{{{  Alphabeta.local
PROC Alphabeta.local (CHAN OF farm.protocol from.top, to.bott,
                      CHAN OF farm.protocol to.top, from.bott,
                      VAL BOOL last)
  {{{  COMMENT
  Diese Prozedur realisiert den Alpha-Beta-Algorithmus in Form
  einer Stufe der Rekursionskette.
```

```
Wichtig: "Alphabeta.local" darf   n u r   in der Rekursions-
kette innerhalb der   A r b e i t s prozesse der Farm einge-
setzt werden!

(Hinweis: Diese Prozedur kann auch als Suchprozedur
"Negamax.local" verwendet werden, wenn innerhalb der Prozedur
"Collect" die gekennzeichneten Aenderungen durchgefuehrt
werden)
}}}
{{{  PROC Collect
PROC Collect (CHAN OF farm.protocol to.bott, from.bott,
              CHAN OF Generate.Collect data.channel, INT last.len,
              [][3] INT last.move, [3] INT best.move,
              INT best.value, VAL INT depth, alpha, beta)
  {{{  COMMENT
  Diese Prozedur erhaelt ueber den Kanal "data.channel" Spiel-
  zuege fuer die aktuelle Stellung, schickt diese zur Bewertung
  ueber den Kanal "to.bott" weiter und empfaengt die Berechnungs-
  ergebnisse ueber "from.bott". Sie entscheidet nach dem Alpha-
  Beta-Prinzip, welches Ergebnis am besten ist und speichert
  dieses in den Parametern "best.value" und "best.move".
  }}}
  {{{  lokale Variablen
  [3] INT result:
  INT quality, dummy:
  BOOL generating, alpha.beta.cutoff, any:
  }}}
  SEQ
    {{{  Initialisierungen
    generating := TRUE
    {{{  Werte initialisieren (Alphabeta)
    best.value := alpha
    alpha.beta.cutoff := FALSE
    }}}
    {{{  COMMENT Werte initialisieren (Negamax)
    best.value := MINUS.INFINITY
    alpha.beta.cutoff := FALSE -- bei Negamax gibts keine Cutoffs
    }}}
    }}}
```

```
WHILE generating
  ALT
    data.channel ? CASE
      {{{  GC.data; last.move [last.len]
      GC.data; last.move [last.len]
        IF
          alpha.beta.cutoff  -- Bei Negamax immer FALSE
            SKIP
          TRUE
            SEQ
              to.bott ! fp.search; 0; depth;
                        0 MINUS beta; 0 MINUS best.value;
                        -- -beta; -best.value;
                        (last.len + 1) :: last.move
              from.bott ? CASE fp.result; dummy;
                          quality; result
              quality := -quality           -- Negamax-Schritt
              {{{  entscheiden, ob Erg. gut oder schlecht ist
              IF
                quality > best.value
                  SEQ -- aktueller Zug ist der beste
                    best.value := quality
                      best.move := result
                TRUE
                  SKIP
              {{{  Alpha-Beta-Cutoff?
              -- dieser Teil einfaellt beim reinen Negamax!
              IF
                {{{  cutoff
                best.value >= beta
                  alpha.beta.cutoff := TRUE
                }}}
                {{{  sonst
                TRUE
                  SKIP
                }}}
              }}}
              }}}
      }}}
      {{{  GC.end
```

```
          GC.end
            generating := FALSE
          }}}
:
}}}
[max.stat] INT stat.data:
[max.boardsize][max.boardsize] INT  board:
[max.depth][3] INT last.move:
[3] INT best.move:
BOOL ready:
INT no.procs, boardsize, processor, depth, alpha, beta, value:
-- fuer Broadcast
INT no, work, len:
[max.broadcast] INT data:
SEQ
  ready := FALSE
  WHILE NOT ready
    from.top ? CASE
      {{{  fp.search
      fp.search; processor; depth; alpha; beta; len :: last.move
        SEQ
          {{{  alte Zuege in "board" eintragen
          SEQ i = 0 FOR len
            board [last.move[i][0]][last.move[i][1]] :=
              last.move [i][2]
          }}}
          {{{  gegebenenfalls neue Zuege erzeugen
          IF
            len > 0
              VAL x IS last.move [len - 1][0]:
              VAL y IS last.move [len - 1][1]:
              value := Value (board, x, y, len, max.depth)
            TRUE
              value := 0
          IF
            {{{  neue Zuege erzeugen
            (value = 0) AND (depth > 0) AND (len < max.depth)
              {{{  lokale Kanaele
              CHAN OF Generate.Collect data.chan:
              CHAN OF farm.protocol Collect.to.Guard:
```

```
          CHAN OF BOOL Guard.to.Collect:
          }}}
          SEQ
            PAR
              Generate (data.chan, boardsize, board)
              Collect (to.bott, from.bott, data.chan,
                       len, last.move, best.move,
                       value, depth - 1, alpha, beta)
            to.top ! fp.result; processor; value; best.move
        }}}
        {{{  es wurde schon gewonnen oder Tiefe erreicht
        TRUE
          to.top ! fp.result; processor; value; last.move [0]
        }}}
      }}}
      {{{  alte Zuege aus "board" austragen
      SEQ i = 0 FOR len
        board [last.move [i][0]][last.move [i][1]] := EMPTY
      }}}
  }}}
  {{{  fp.broadcast
  fp.broadcast; no; work; len :: data
    PAR
      {{{  Signal weitergeben
      IF
        NOT last
          to.bott ! fp.broadcast; no; work; len :: data
        TRUE
          SKIP
      }}}
      {{{  Signal bearbeiten
      CASE work
        {{{  INIT
        INIT
          SEQ
            boardsize, no.procs := data [0], data [1]
            Clear.Board (board, boardsize)
        }}}
        {{{  NEXT.MOVE
        NEXT.MOVE
```

```
          VAL move IS [data FROM 0 FOR 3]:
          board [move[0]][move[1]] := move [2]
        }}}
        {{{  THE.END
        THE.END
          ready := TRUE
        }}}
      }}}
    }}}
    {{{  fp.stat.request
    fp.stat.request; no
      IF
        NOT last
          SEQ
            to.bott ! fp.stat.request; no
            from.bott ? CASE fp.stat.data; no; stat.data
            to.top ! fp.stat.data; no; stat.data
        TRUE
          SKIP
    }}}
    {{{  fp.stat.data
    fp.stat.data; no; stat.data
      STOP -- sollte nicht auftreten
    }}}
:
}}}
{{{  Alphabeta.Master
PROC Alphabeta.Master (CHAN OF farm.protocol from.top, to.bott,
                       CHAN OF farm.protocol to.top, from.bott)
  {{{  COMMENT
  Diese Prozedur fuehrt das Verschicken und Bewerten von Rechen-
  auftraegen nach dem Alpha-Beta-Prinzip im Master der Prozessor-
  farm aus.
  }}}
  Alphabeta (from.top, to.bott, to.top, from.bott, FALSE)
:
}}}
{{{  Alphabeta.Search
PROC Alphabeta.Search (CHAN OF farm.protocol in, out)
  {{{  COMMENT
```

```
  Sequentielle Spielbaumsuche nach dem Alpha-Beta-Verfahren. Hier
  wird eine Rekursionskette aufgebaut.
  }}}
  [max.depth] CHAN OF ANY down, up:
  PAR
    {{{  COMMENT
    Rekursionskette aufbauen (Der Algorithmus laeuft etwas
    schneller, wenn hier statt "Alphabeta" die Prozedur
    "Alphabeta.local" verwendet wird!)
    }}}
    Alphabeta (in, down [0], out, up [0], max.depth = 1)
    PAR i = 1 FOR max.depth - 1
      Alphabeta (down [i - 1], down [i], up [i - 1], up [i],
                 i = (max.depth - 1))
:
}}}
{{{  Negamax
PROC Negamax (CHAN OF farm.protocol from.top, to.bott,
              CHAN OF farm.protocol to.top, from.bott,
              VAL BOOL last)
  {{{  COMMENT
  Diese Prozedur realisiert den Negamax-Algorithmus in Form einer
  Stufe der Rekursionskette.
  }}}
  {{{  PROC Collect
  PROC Collect (CHAN OF farm.protocol to.bott, CHAN OF BOOL task.ok,
                CHAN OF farm.protocol from.bott,
                CHAN OF Generate.Collect data.channel, INT last.len,
                [][3] INT last.move, [3] INT best.move, INT value,
                VAL INT depth, alpha, beta)
    {{{  COMMENT
      Aufbau wie "Collect" innerhalb der Prozedur "Alphabeta",
      jedoch sind die dort beschriebenen Aenderungen fuer den
      Negamax-Algorithmus einzubauen!
    }}}
  :
  }}}
  {{{  COMMENT
     Aufbau wie der Rumpf der Prozedur "Alphabeta"
  }}}
```

```
:
}}}
{{{  Negamax.local
PROC Negamax.local (CHAN OF farm.protocol from.top, to.bott,
                    CHAN OF farm.protocol to.top, from.bott,
                    VAL BOOL last)
  {{{  COMMENT
  Diese Prozedur realisiert den Negamax-Algorithmus in Form einer
  Stufe der Rekursionskette.

  Wichtig: "Negamax.local" darf   n u r   in der Rekursions-
  kette innerhalb der   A r b e i t s prozesse der Farm einge-
  setzt werden!
  }}}
  {{{  PROC Collect
  PROC Collect (CHAN OF farm.protocol to.bott, from.bott,
                CHAN OF Generate.Collect data.channel, INT last.len,
                [][3] INT last.move, [3] INT best.move,
                INT best.value, VAL INT depth, alpha, beta)
    {{{  COMMENT
       Aufbau wie "Collect" innerhalb der Prozedur
       "Alphabeta.local", jedoch sind die dort beschriebenen
       Aenderungen fuer den Negamax-Algorithmus einzubauen!
    }}}
  :
  }}}
  {{{  COMMENT
     Aufbau wie der Rumpf der Prozedur "Alphabeta.local"
  }}}
:
}}}
{{{  Minimax.Master
PROC Minimax.Master (CHAN OF farm.protocol from.top, to.bott,
                     CHAN OF farm.protocol to.top, from.bott)
  {{{  COMMENT
  Diese Prozedur fuehrt das Verschicken und Bewerten von Such-
  auftraegen nach dem Minimax-Prinzip im Master aus.
  }}}
  Negamax (from.top, to.bott, to.top, from.bott, FALSE)
:
```

```
}}}
{{{ Minimax.Search
PROC Minimax.Search (CHAN OF farm.protocol in, out)
  {{{ COMMENT
  Sequentielle Spielbaumsuche nach dem Negamax-Verfahren. Hier
  wird eine Rekursionskette aufgebaut.
  }}}
  [max.depth] CHAN OF ANY down, up:
  PAR
    {{{ COMMENT
    Rekursionskette aufbauen (Der Algorithmus laeuft etwas
    schneller, wenn hier statt "Negamax" die Prozedur
    "Negamax.local" verwendet wird!)
    }}}
    Negamax (in, down [0], out, up [0], max.depth = 1)
    PAR i = 1 FOR max.depth - 1
      Negamax (down [i - 1], down [i], up [i - 1], up [i],
                i = (max.depth - 1))
:
}}}
```

Prozeduren zur Bildschirmausgabe

```
{{{ PROC Mate.Message
PROC Mate.Message (CHAN OF ANY screen, VAL INT quality)
  -- Diese Prozedur zeigt einen drohenden Spielverlust an.
  {{{ FUNCTION abs (x)
  INT FUNCTION abs (VAL INT x)
    INT abs:
    VALOF
      IF
        x < 0
          abs := -x
        TRUE
          abs := x
      RESULT abs
  :
  }}}
  IF
    {{{ Bewertung des Zuges ist unbekannt
```

```
    quality = UNKNOWN
      SKIP  -- keine Meldung moeglich
    }}}
    {{{  sonst, matt in drei Zuegen
    TRUE
      INT mate:
      SEQ
        goto.x.y (screen, 23, 23)
        clear.to.eol (screen)
        goto.x.y (screen, 23, 23)
        mate := (max.depth - abs (quality)) - 1
        IF
          quality < 0
            SEQ
              type (screen, "(Du kannst in ")
              IF
                mate > 1
                  SEQ
                    put.int (screen, mate, -1)
                    type (screen, " Zuegen gewinnen!)")
                TRUE
                  type (screen, "einem Zug gewinnen!)")
          (quality > 0) AND (mate >= 1)
            SEQ
              type (screen, "(Du hast nach spaetestens ")
              IF
                mate > 1
                  SEQ
                    put.int (screen, mate, -1)
                    type (screen, " Zuegen verloren!)")
                TRUE
                  type (screen, "einem Zug verloren!)")
          TRUE
            SKIP
    }}}
:
}}}
{{{  PROC Normal (), Bold (), Dim ()
-- Diese Prozeduren aendern die Bildschirmausgabe.
VAL ESC IS '*#1B':
```

```
PROC Normal (CHAN OF ANY screen)  -- Normale Schrift
  type (screen, "*#1B[0m")
:
PROC Bold (CHAN OF ANY screen)    -- Fette Schrift
  type (screen, "*#1B[1m")
:
PROC Dim (CHAN OF ANY screen)     -- Dunkle Schrift
  type (screen, "*#1B[2m")
:
}}}
{{{  PROC Get.Params()
PROC Get.Params (CHAN OF INT keyboard, CHAN OF ANY screen,
                 INT size, depth, BOOL skip)
  {{{  COMMENT
  Diese Prozedur liest die Voreinstellungen ein. Im einzelnen sind
  das: Die Feldgroesse, die Suchtiefe und wer anfangen soll.
  }}}
  BYTE e:
  SEQ
    goto.x.y (screen, 0, 0)
    clear.to.eos (screen)
    type (screen, "Jetzt musst Du einige Angaben zum Spiel machen.")
    newline (screen)
    newline (screen)
    {{{  Feldgroesse eingeben
    size := 0
    WHILE ((size < 2) OR (size > max.playing.area))
      SEQ
        type (screen, "Wie gross soll das Spielbrett sein ? (2 ...")
        put.int (screen, max.playing.area, 0)
        type (screen, ") ")
        get.int (keyboard, screen, size)
        newline (screen)
        IF
          ((size < 2) OR (size > max.playing.area))
            SEQ
              type (screen, "Das war leider nichts !")
              print (screen, "Bitte nochmal versuchen !*c*n*c*n")
          TRUE
            SKIP
```

```
    }}}
    {{{ Suchtiefe eingeben
    depth := 0
    WHILE ((depth < 1) OR (depth > max.depth))
      SEQ
        type (screen, "Wieviele Zuege sollen ausgerechnet werden ?")
        type (screen, " (1 ...")
        put.int (screen, max.depth, 0)
        type (screen, ") ")
        get.int (keyboard, screen, depth)
        newline (screen)
        IF
          ((depth < 1) OR (depth > max.depth))
            SEQ
              type (screen, "Das war leider nichts !")
              print (screen, "Bitte nochmal versuchen !*c*n*c*n")
          TRUE
            SKIP
    }}}
    {{{ Anfangen oder nicht ?
    type (screen, "Moechtest Du den ersten Zug machen? (j/n) ")
    get.char (keyboard, screen, e)
    newline (screen)
    newline (screen)
    skip := ((e = 'j') OR (e = 'J'))
    }}}
:
}}}
{{{ PROC Init.Screen
PROC Init.Screen (CHAN OF ANY screen, [][] INT board,
                  VAL INT size, no.of.procs, depth)
  {{{ COMMENT
  Diese Prozedur baut den Grundbildschirm auf. Das Brett wird
  initialisiert, einige Hilfstexte werden angezeigt, und das
  Spielfeld wird auf den Schirm geschrieben.
  }}}
  INT z.nr:
  VAL [] BYTE horizontal IS "--------------------": -- 20 Stueck !
  VAL [] BYTE empty      IS "                    ": -- 20 Stueck !
  VAL BYTE left.side  IS '/':
```

```
VAL BYTE right.side IS '\':
SEQ
  {{{  Brett initialisieren
  Clear.Board (board, size)
  }}}
  {{{  Hilfstexte
  goto.x.y (screen, 0, 0)
  clear.to.eos (screen)
  goto.x.y (screen, 1, 1)
  type (screen, "Informationen zum Spiel:")
  goto.x.y (screen, 1, 2)
  type (screen, "------------------------")
  goto.x.y (screen, 1, 3)
  IF
    no.of.procs = 1
      type (screen, "Es rechnet ")
    TRUE
      type (screen, "Es rechnen ")
  put.int (screen, no.of.procs, -1)
  type (screen, " Transputer.")
  goto.x.y (screen, 1, 4)
  type (screen, "Die Suchtiefe betraegt ")
  put.int (screen, depth, -1)
  type (screen, ".")
  goto.x.y (screen, 1, 5)
  type (screen, "Die Brettgroesse ist ")
  put.int (screen, size, -1)
  type (screen, ".")
  goto.x.y (screen, 50, 1)
  type (screen, "Funktionen der Tasten:")
  goto.x.y (screen, 50, 2)
  type (screen, "----------------------")
  goto.x.y (screen, 50, 3)
  type (screen, "Feld auswaehlen: Cursortasten")
  goto.x.y (screen, 50, 4)
  type (screen, "Feld markieren:  1, 2, 3")
  goto.x.y (screen, 50, 5)
  type (screen, "Spiel beenden:   e")
  }}}
  {{{  das Spielfeld
```

```
    Dim (screen)
    z.nr := 1
    SEQ i = 1 FOR size
      SEQ
        SEQ j = 0 FOR T.HEIGHT
          SEQ
            SEQ k = 0 FOR i
              SEQ
                goto.x.y (screen,
                          (MIDDLE-z.nr) + (k*(T.WIDTH+1)), z.nr)
                put.char (screen, left.side)
                put.string (screen, [empty FROM 0 FOR (2*j)+1])
                put.char (screen, right.side)
            z.nr := z.nr + 1
        goto.x.y (screen, MIDDLE - z.nr, z.nr)
        SEQ j = 0 FOR i
          SEQ
            type (screen, " ")
            put.string (screen, [horizontal FROM 0 FOR T.WIDTH])
        z.nr := z.nr + 1
    Bold (screen)
    goto.x.y (screen, MIDDLE, 0)
    type (screen, "3")
    goto.x.y (screen, MIDDLE-((T.HEIGHT+1)*size), (T.HEIGHT+1)*size)
    type (screen, "1")
    goto.x.y (screen, MIDDLE+((T.HEIGHT+1)*size), (T.HEIGHT+1)*size)
    type (screen, "2")
    goto.x.y (screen, MIDDLE, 0)
    Normal (screen)
    }}}
:
}}}
{{{  PROC Display.Move
PROC Display.Move (CHAN OF INT keyboard, CHAN OF ANY screen,
                   [][] INT board, VAL INT size, value,
                   [3] INT move, BOOL end)
  {{{  COMMENT
  Diese Prozedur stellt einen Zug an der richtigen Stelle auf dem
  Bildschirm dar.
  }}}
```

```
{{{  PROC goto.position (x, y)
PROC goto.position (VAL INT x, y)
  -- Diese Prozedur setzt den Cursor auf das Spielfeld (x, y).
  goto.x.y (screen,
           (MIDDLE-((T.HEIGHT+1)*(y-1)))+((T.WIDTH+1)*(x-1)),
           (T.HEIGHT+1)*(y-1))
:
}}}
VAL x      IS move [0]:
VAL y      IS move [1]:
VAL number IS move [2]:
SEQ
  Bold (screen)
  goto.position (x, y)
  put.int (screen, Decode(number), 1)
  goto.position (x, y)
  Normal (screen)
  board [x][y] := number
  IF
    {{{  gewonnen
    Winning.Triangle (x, y, board)
      SEQ
        {{{  Meldung
        goto.x.y (screen, 0, 23)
        clear.to.eol (screen)
        goto.x.y (screen, 15, 23)
        type (screen, "Das war*'s ...  ")
        IF
          value = UNKNOWN
            type (screen, "(Du hast gewonnen)")
          TRUE
            type (screen, "(Du hast verloren)")
        }}}
        {{{  auf Eingabe von 'e' warten
        INT any:
        SEQ
          any := -1
          WHILE (any <> (INT 'e')) AND (any <> (INT 'E')) AND
                (any <> (INT 'q')) AND (any <> (INT 'Q'))
            SEQ
```

```
              goto.position (x, y)
              put.char (screen, 7(BYTE))
              keyboard ? any
        end := TRUE
        }}}
    }}}
    {{{  sonst
    TRUE
      Mate.Message (screen, value)
    }}}
:
}}}
{{{  PROC Get.Move
PROC Get.Move (CHAN OF INT keyboard, CHAN OF ANY screen,
               [][] INT board,
               VAL INT size, [3] INT move, BOOL end)
  {{{  COMMENT
  Diese Prozedur liest die Position einer Markierung
  ein, die der Benutzer setzen moechte.
  }}}
  {{{  Definition der Tastaturcodes
  VAL BYTE key.up    IS 201(BYTE):
  VAL BYTE key.down  IS 202(BYTE):
  VAL BYTE key.left  IS 203(BYTE):
  VAL BYTE key.right IS 204(BYTE):
  }}}
  BOOL ready:
  BYTE in:
  INT x.pos, y.pos:
  SEQ
    goto.x.y (screen, 5, 23)
    type (screen, "Du bist dran ...")
    {{{  x.pos und y.pos setzen
    x.pos, y.pos := move [0], move [1]
    IF
      -- move enthaelt unsinnige Werte
      (x.pos < 1) OR (x.pos > y.pos) OR (y.pos > (size + 1))
        x.pos, y.pos := 1, 1
      TRUE
        SKIP
```

```
}}}
ready := FALSE
end := FALSE
WHILE NOT ready
  SEQ
    goto.x.y (screen,
      (MIDDLE-((y.pos-1)*(T.HEIGHT+1)))+((x.pos-1)*(T.WIDTH+1)),
      (y.pos-1)*(T.HEIGHT+1))
    get.key (keyboard, in)
    IF
      {{{ hoch
      (in = key.up) AND (y.pos > 1)
        SEQ
          y.pos := y.pos-1
          IF
            x.pos > y.pos
              x.pos := y.pos
            TRUE
              SKIP
      }}}
      {{{ runter
      (in = key.down) AND (y.pos < (size + 1))
        y.pos := y.pos + 1
      }}}
      {{{ links
      (in = key.left) AND (x.pos > 1)
        x.pos := x.pos-1
      }}}
      {{{ rechts
      (in = key.right) AND (x.pos < y.pos)
        x.pos := x.pos + 1
      }}}
      {{{ e
      (in = 'e') OR (in = 'E')
        SEQ
          ready := TRUE
          end := TRUE
      }}}
      {{{ 3
      ((in = '3') AND (board [x.pos][y.pos] = EMPTY)) AND
```

```
        (y.pos <> (size + 1))
          SEQ
            move := [x.pos, y.pos, 4]
            ready := TRUE
        }}}
        {{{  2
        ((in = '2') AND (board [x.pos][y.pos] = EMPTY)) AND
        (x.pos <> 1)
          SEQ
            move := [x.pos, y.pos, 2]
            ready := TRUE
        }}}
        {{{  1
        ((in = '1') AND (board [x.pos][y.pos] = EMPTY)) AND
        (x.pos <> y.pos)
          SEQ
            move := [x.pos, y.pos, 1]
            ready := TRUE
        }}}
        {{{  sonstiges
        TRUE
          put.char (screen, 7(BYTE))
        }}}
    IF
      NOT end
        Display.Move (keyboard, screen,
                      board, size, UNKNOWN, move, end)
      TRUE
        move := [0, 0, 0]
    goto.x.y (screen, 5, 23)
    type (screen, "              ")
:
}}}
```

Abbildungsverzeichnis

Programmverzeichnis

Weiterführende Literatur

[Akl85] Akl, S. G. (1985). *Parallel Sorting Algorithms.* Academic Press, Orlando, Florida.

[Amd67] Amdahl, G. M. (1967). Validity of the single-processor approach to achieving large scale computing capabilities. *AFIPS Conference Proceedings*, 30 (Atlantic City), 483–485.

[BEPSD88a] Broer, H., Emde, D., Pogrzeba, G., Schmidt-Dannert, R. (1988). Transputer-Bäume werden wahr – Teil 1. *c't Magazin für Computertechnik*, (11), 124–135.

[BEPSD88b] Broer, H., Emde, D., Pogrzeba, G., Schmidt-Dannert, R. (1988). Transputer-Bäume werden wahr – Teil 2. *c't Magazin für Computertechnik*, (12), 252–271.

[Bib85] Bibliographisches Institut (1985). *Meyers Taschenlexikon in 10 Bänden.* Meyers Lexikonverlag, Mannheim.

[Bur88] Burns, A. (1988). *Programming in Occam 2.* Addison-Wesley Publishing Company, Wokingham, England.

[Cam81] Campbell, M. (1981). *Algorithms for the Parallel Search of Game Trees.* Interner Bericht TR81-8, Department of Computing Science, The University of Alberta.

[DM73] Dörfler, W., Mühlbacher, J. (1973). *Graphentheorie für Informatiker.* Sammlung Göschen, Walter de Gruyter, Berlin.

[Erh90] Erhard, W. (1990). *Parallelrechnerstrukturen.* B. G. Teubner, Stuttgart.

[Fin88] Finkel, R. A. (1988). Large-grain parallelism – three case studies. In Jamieson, L. H., Gannon, D. B., Douglass, R. J. (Eds.), *The Characteristics of Parallel Algorithms*, The MIT Press, Cambridge, Massachusetts, 21–63.

[Fly66] Flynn, M. J. (1966). Very high-speed computing systems. *Proceedings of the IEEE*, 54(12), 1901–1909.

[Gal90] Galletly, J. (1990). *Occam 2.* Pitman Publishing, London.

[GM89] Gonauser, M., Mrva, M. (Hrsg.) (1989). *Multiprozessor-Systeme.* Springer-Verlag, Berlin, Heidelberg.

[Gus88] Gustafson, J. L. (1988). Reevaluating Amdahl's law. *Communications of the ACM*, 31(5), 532–533.

[HH89] Herrtwich, R. G., Hommel, G. (1989). *Kooperation und Konkurrenz: Nebenläufige, verteilte und echtzeitabhängige Programmsysteme.* Springer-Verlag, Berlin, Heidelberg, New York.

[Hoa78] Hoare, C. A. R. (1978). Communicating sequential processes. *Communications of the ACM*, 21(8), 666–677.

[HU79] Hopcroft, J. E., Ullman, J. D. (1979). *Introduction to Automata Theory, Languages, and Computation.* Addison-Wesley Publishing Company, Reading, Massachusetts.

[INM89a] INMOS Limited (1989). *IMS B008 User Guide and Reference Manual.*

[INM89b] INMOS Limited (1989). *The Transputer Databook (Second Edition).*

[INM90] INMOS Limited (1990). *Transputer Development System – Delivery Manual.*

[INM91] INMOS Limited (1991). *Occam 2 Toolset User Manual.*

[JG88] Jones, J., Goldsmith, M. (1988). *Programming in Occam 2.* Prentice Hall International, Englewood Cliffs.

[Kra90] Kraas, H.-J. (1990). *Zur Parallelisierung des SSS*-Algorithmus.* Dissertation, Universität Braunschweig.

[Mat89] Mattern, F. (1989). *Verteilte Basisalgorithmen.* Springer-Verlag, Berlin, Heidelberg.

[Par87] Parsytec GmbH (1987). *VMTM, VME - Multi Transputer Module, Technical Documentation, Version 1.1.*

[Par89a] Parsytec GmbH (1989). *MultiTool 5.0, Delivery Manual.*

[Par89b] Parsytec GmbH (1989). *MultiTool, Transputer Programming Environment.*

[Par89c] Parsytec GmbH (1989). *Network Configuration System for SuperCluster, Version 2.11.*

[Par89d] Parsytec GmbH (1989). *SuperCluster Technical Documentation, Revision 1.2.*

[Pea85] Pearl, J. (1985). *Heuristics, Intelligent Search Strategies for Computer Problem Solving.* Addison-Wesley Publishing Company, Reading, Massachusetts.

[Per89] Perihelion Software Ltd (1989). *The Helios Operating System.* Prentice Hall, Englewood Cliffs.

[PM88] Pountain, D., May, D. (1988). *A Tutorial Introduction to Occam 2.* BSP Professional Books, London.

[Qui88] Quinn, M. J. (1988). *Algorithmenbau und Parallelcomputer.* McGraw-Hill Book Company GmbH, Hamburg.

[Rei89] Reinefeld, A. (1989). *Spielbaum-Suchverfahren.* Springer-Verlag, Berlin, Heidelberg, New York.

[RLH88] Raabe, U., Lobjinski, M., Horn, M. (1988). Verbindungsstrukturen für Multiprozessoren. *Informatik-Spektrum*, 11(4), 195–206.

[SW90] Schulz, C., Wille, F. (1990). *Das Sperner-Spiel und die Berechnung von Fixpunkten.* Vortrag auf der 37. MNU-Tagung in Bremerhaven.

[TW91] Trew, A., Wilson, G. (Eds.) (1991). *Past, Present, Parallel: A Survey of Available Parallel Computing Systems.* Springer-Verlag, Berlin, Heidelberg.

[Uml89] Umland, T. (1989). Zur Parallelisierung von Algorithmen für einen Realzeit-Sichtsimulator auf der Basis von Transputern. *Gesellschaft für Informatik, PARS-Mitteilungen*, 6, 121–127.

[Weg90] Wegener, I. (1990). Bekannte Sortierverfahren und eine Heapsort-Variante, die Quicksort schlägt. *Informatik-Spektrum*, 13(6), 321–330.

[Wil82] Wille, F. (1982). Das Spernersche Lemma. In *Schriftenreihe Didaktik der Mathematik*, Band 6, Teubner, Stuttgart, 122–127.

Sachverzeichnis

Leitfäden und Monographien der Informatik

Bolch: **Leistungsbewertung von Rechensystemen mittels analytischer Warteschlangenmodelle**
320 Seiten. Kart. DM 44,–

Brauer: **Automatentheorie**
493 Seiten. Geb. DM 62,–

Brause: **Neuronale Netze**
291 Seiten. Kart. DM 39,80

Dal Cin: **Grundlagen der systemnahen Programmierung**
221 Seiten. Kart. DM 36,–

Doberkat/Fox: **Software Prototyping mit SETL**
227 Seiten. Kart. DM 38,–

Ehrich/Gogolla/Lipeck: **Algebraische Spezifikation abstrakter Datentypen**
246 Seiten. Kart. DM 38,–

Engeler/Läuchli: **Berechnungstheorie für Informatiker**
2. Aufl. 120 Seiten. Kart. DM 28,–

Erhard: **Parallelrechnerstrukturen**
X, 251 Seiten. Kart. DM 39,80

Eveking: **Verifikation digitaler Systeme**
XII, 308 Seiten. Kart. DM 46,–

Güting: **Datenstrukturen und Algorithmen**
XII, 308 Seiten. Kart. DM 39,80

Heinemann/Weihrauch: **Logik für Informatiker**
2. Aufl. VIII, 240 Seiten. Kart. DM 38,–

Hentschke: **Grundzüge der Digitaltechnik**
247 Seiten. Kart. DM 36,–

Hotz: **Einführung in die Informatik**
548 Seiten. Kart. DM 52,–

Kiyek/Schwarz: **Mathematik für Informatiker 1**
2. Aufl. 307 Seiten. Kart. DM 39,80

Kiyek/Schwarz: **Mathematik für Informatiker 2**
X, 460 Seiten. Kart. DM 54,–

Klaeren: **Vom Problem zum Programm**
2. Aufl. 240 Seiten. Kart. DM 32,–

Kolla/Molitor/Osthof: **Einführung in den VLSI-Entwurf**
352 Seiten. Kart. DM 48,–

Loeckx/Mehlhorn/Wilhelm: **Grundlagen der Programmiersprachen**
448 Seiten. Kart. DM 48,–

Mathar/Pfeifer: **Stochastik für Informatiker**
VIII, 359 Seiten. Kart. DM 48,–

B. G. Teubner Stuttgart